汤铭◎著

台海出版社

图书在版编目（C I P）数据

玩转 AI 小车 / 汤铭著. -- 北京 ：台海出版社，2025.5. -- ISBN 978-7-5168-4227-0

Ⅰ. TP18

中国国家版本馆 CIP 数据核字第 202590K57J 号

玩转 AI 小车

著　　者：汤　铭

责任编辑：吕　莺　李　媚　　　　　　封面设计：原鹿出版

出版发行：台海出版社
地　　址：北京市东城区景山东街 20 号　　　　邮政编码：100009
电　　话：010-64041652（发行，邮购）
传　　真：010-84045799（总编室）
网　　址：www.taimeng.org.cn/thcbs/default.htm
E - mail：thcbs@126.com

经　　销：全国各地新华书店
印　　刷：武汉鑫佳捷印务有限公司
本书如有破损、缺页、装订错误，请与本社联系调换

开　　本：787 毫米 ×1092 毫米　1/16
字　　数：200 千字　　　　　　印　张：7.75
版　　次：2025 年 5 月第 1 版　　印　次：2025 年 5 月第 1 次印刷
书　　号：ISBN 978-7-5168-4227-0

定　　价：98.00 元

自序：从好奇到课堂，让人工智能触手可及

2019 年盛夏，我参加了浙江大学城市学院举办的一场面向中小学信息技术教师的培训，这成为我踏上人工智能探索之旅的起点。在培训中，我第一次接触到了人工智能技术，也第一次目睹了黑胡桃实验室里那辆能够自主识别道路、交通标志，甚至可以倒车入库的自动驾驶小车。那一刻，我被人工智能的巨大潜力深深震撼，内心涌现出一种强烈的信念：人工智能技术不应仅仅局限于大学实验室，它更应该成为教育的桥梁，连接起中学生与未来科技的世界。

带着这份热情与信念，我毫不犹豫地报名参加了清华大学创客空间创始人开设的无人驾驶网络课程。在课程中，我以树莓派小车为载体，搭建了人生中的第一个卷积神经网络模型。从亲手采集数据，到训练模型，再到最终让小车实现自动驾驶，每一个步骤都充满了挑战，但也让我收获了无尽的成就感。当看到小车能沿着车道自动驾驶时，我确信：人工智能可以成为触手可及的课堂实践，它能够走进中小学的教育场景，激发学生的兴趣与创造力。

然而，当我满怀期待地尝试将自动驾驶小车项目引入中学课堂时，却遭遇了重重现实的挑战。复杂的环境配置、昂贵的硬件成本以及繁琐的代码操作，这些都成为阻碍大多数中学生接触和学习人工智能自动驾驶的“拦路虎”。我意识到，要将人工智能自动驾驶小车项目真正融入中小学教育，还需要找到更加适合他们的路径和工具。

在后续浙大组织的教师培训中，我了解到仅仅在普通电脑的浏览器中也能运行人工智能程序。更让我惊喜的是，工程师们还为中小学生开发了一个在线的教学工具——Teachable Machine，这是一个极具创新性的工具，能够在短短几分钟内训练图像、语音、姿态识别模型。它就像一扇窗，为没有编程基础的师生们打开了通往机器学习世界的大门，让他们能够轻松地探索其中的奥秘。但是，这个工具并不能直接用来实现小车自动驾驶。后来通过不断地自学相关知识和技能，我逐渐掌握了用这种方法来开发适合学生课堂教学的应用程序。

在经过不断的试验优化之后，2023 年初我终于将自动驾驶小车项目成功搬进了通用技术课堂。学生们对这个人工智能自动驾驶小车项目表现出了惊人的热情。为了进一步降低学习门槛，我还开发了配套网站，整合了数据采集、模型训练与部署功能，

使学生使用工具更加方便。经过两年的不断迭代与完善，课程资源已初具规模。而最让我欣慰的是，当学生们看到自己训练的模型控制着小车自动行驶时，他们眼中闪烁的不仅是对技术的惊叹，更是对未来的无限期待。那一刻，我深切地感受到，教育的本质不是填满水桶，而是点燃火焰，激发学生内心深处的探索欲望与创造力。

2024 年，教育部与上海市相继发布了加强中小学人工智能教育的文件，这让我倍感鼓舞，也更加坚定了我的信念——我的探索正逢其时！人工智能不应是遥不可及的黑箱，而应成为学生手中可触摸、可创造的工具。从实验室到课堂，从困惑到突破，这段旅程让我深刻体会到了教育的真正意义。我衷心希望这本书能够成为一盏灯，照亮更多教育同行在中小学人工智能教育教学之路上的探索之旅，让我们共同为培养未来社会的创新人才而努力。

前言

2017年，国务院正式印发《新一代人工智能发展规划》，将人工智能上升为国家战略。规划明确提出“在中小学阶段设置人工智能相关课程，逐步推广编程教育”，为人工智能教育的普及奠定了政策基础。2018年，教育部印发《教育信息化2.0行动计划》，进一步要求“充实适应信息时代、智能时代发展需要，开展人工智能和编程课程内容”，推动人工智能教育在中小学的逐步落地。

随着政策的引领，市面上已涌现出不少中小学人工智能教材，众多中小学也纷纷开展人工智能课程教学试点。然而，在实践过程中，中小学人工智能教育教学仍面临诸多挑战。在内容方面，多数教材偏重理论知识，缺乏实践应用的深度与广度；在软件方面，许多平台难以适配中小学教学场景，操作复杂、兼容性差；在硬件方面，绝大部分教材未提供配套、易用的材料包，增加了教学实施的难度；在实施途径上，一些学校仅将人工智能作为少数学生的社团课，或以组织竞赛的形式开展，未能实现面向全体学生的普及；在效果方面，多数校本课程缺乏对学生工程思维能力的培养，难以满足学生全面发展的需求。

2024年9月，上海市教委发布了《上海市中小学人工智能课程指南（试行）》，明确指出从2024学年开始，上海将面向全体中小学生开设人工智能基础课程。其中，高中阶段在信息技术和通用技术等国家课程实施基础上，深化人工智能教学内容，鼓励学生根据兴趣和自身发展需要自主选择，在高一或高二实施，旨在提升学生的人工智能素养，促进国家课程的高水平落地实施。

2024年11月，教育部办公厅下发《中小学关于加强人工智能教育的通知》，提出“2030年在中小学基本普及人工智能教育”的目标，要求完善信息科技、科学类、综合实践活动、劳动等课程中的人工智能教育要求，落实跨学科学习、大单元教学、学科实践等教学模式，鼓励将人工智能教育纳入地方课程和校本课程。通知还明确了不同学段的教学侧重点：小学低年级段侧重感知和体验人工智能技术，小学高年级段和初中阶段侧重理解和应用人工智能技术，高中阶段侧重项目创作和前沿应用。

在这样的背景下，如何在有限的课时内，将人工智能技术教学有效融入高中通用技术课堂教学，成为我探索的课题。本书以人工智能自动驾驶应用为背景，以人工智能自动驾驶小车为项目载体，展示了通用技术学科“技术与设计 2”模块与人工智能教学深度融合的校本化实施路径。

本书是人工智能校本课程，内容紧扣《普通高中通用技术课程标准（2017 年版 2020 年修订）》《普通高中信息技术课程标准（2017 年版 2020 年修订）》以及《上海市中小学人工智能课程指南（试行）》的相关标准。课程秉持“做中学、用中学、创中学”的理念，采用项目式学习方式，以“自动驾驶小车”大项目为主线，将通用技术“技术与设计 2”模块、信息技术选择性必修“人工智能初步”模块内容以及上海市中小学人工智能课程指南高中阶段的内容要求充分融合，突出人工智能技术的应用与实践，与学生生活紧密联系。

全书共分为七个部分。第一部分为项目概述，从宏观角度介绍课程背景、适用年级、课时安排、课程标准指引、教材链接、项目任务与成果等。第二至六部分将自动驾驶小车项日分解为五个子项目，每个子项目涵盖成果、关键概念或能力、学习目标、任务与评价等内容。第七部分为出项活动，为学生提供展示交流的平台。本书的出版旨在为教师和学生开展人工智能自动驾驶小车项目式教学提供便利。

本书具有以下亮点：

紧扣标准：课程内容严格遵循国家课程标准和上海市中小学人工智能课程指南，确保教学的规范性与权威性。

落实素养：将课程内容拆解成六个子项目，每个子项目都形成若干成果，每个成果都指向一定的素养目标。

重视评价：每个子项目开始都提供了子项目成果及成果评价标准，每个任务都设计了过程性评价，每个子项目结束都提供了表现性评价量表供学习者自评及他评。

实践性强：课程设计注重人工智能技术的实践性与综合性，通过真实情境的项目任务，激发学生的学习兴趣，培养学生的实践能力和创新思维。

成本可控：项目载体采用开源硬件，降低了人工智能课程实施的成本，使课程适合绝大多数地区开展中学人工智能教学，具有广泛的适用性。

平台支持：结合课程开发了配套的在线平台（www.sjaiedu.site），方便学生采集数据、训练模型和部署模型，为教学提供有力的技术支持。

方法多样：提供多种方法实现小车自动驾驶，满足不同学情的教学需求，为教师和学生提供了灵活的教学与学习选择。

本书旨在为普通高中实施人工智能校本课程提供有益的参考，为教师开发人工智能校本课程提供借鉴，为学生学习人工智能知识提供指导，具有较高的推广价值。希望本书能够助力更多学校和教师开展人工智能教育，培养学生的科技素养与创新能力，为人工智能的未来发展奠定坚实的人才基础。

目 录

项目概述：自动驾驶小车

【项目背景】

人工智能正在深刻改变我们的学习、生活和社会运行方式，而自动驾驶技术作为人工智能领域的典型应用场景，正以革命性的方式重塑人类出行的未来。从深度学习算法的突破到多传感器融合技术的成熟，自动驾驶汽车已从实验室逐步走向城市道路，成为智慧交通体系的核心组成部分。这一技术不仅推动了技术创新，还深刻影响了社会运行方式、城市空间规划以及人类行为模式。

自动驾驶技术的普及已不再是遥远的愿景。未来几十年内，它将成为我们日常生活的一部分，彻底改变交通方式和城市生态。然而，这一切的背后究竟隐藏着怎样的技术逻辑？自动驾驶涉及哪些人工智能知识？自动驾驶的普及又会带来哪些新的问题？如何通过动手实践，设计制作一辆能够实现简单自动驾驶功能的小车？这些问题将在项目的学习中逐步揭晓。

【适用年级】

高一年级 / 高二年级。

可以根据学生及学校的实际情况选择部分项目内容实施，也可选择全部项目内容来实施；建议安排在高一下学期实施。

【所需课时】

20 课时。

40 分钟 / 课时，建议两课时连上，总课时可根据学生及学校的实际情况灵活调整。

【课程标准指引】

本课程内容是基于教育部普通高中课程标准和上海市中小学人工智能地方课程指南来设计的，主要依据以下学科课程标准和指南。

一、通用技术

普通高中通用技术课程标准（2017 年版 2020 年修订）

模块	内容	达成度
技术与设计 2	运用结构、流程、系统、控制等技术原理认识和分析技术问题，运用“技术与设计 1”中所学的知识与方法进行设计分析、方案物化和问题解决。	☆☆☆

说明：3 颗星表示该内容在项目中需要学生理解并灵活运用；2 颗星表示该内容在项目中需要学生了解并简单运用；1 颗星表示该内容在项目中只需初步了解。

二、信息技术

普通高中信息技术课程标准（2017 年版 2020 年修订）

模块	内容	达成度
人工智能初步	了解人工智能的发展历程及概念，能描述典型人工智能算法的实现过程，通过搭建简单的人工智能应用模块，亲历设计与实现简单智能系统的基本过程与方法，增强利用智能技术服务人类发展的责任感。	☆☆

三、上海市中小学人工智能课程指南（试行）

上海市教育委员会办公室于 2024 年 9 月在《上海市推进实施人工智能赋能基础教育高质量发展的行动方案（2024-2026 年）》的通知中发布了“上海市中小学人工智能课程指南（试行）”。该指南对上海市高中阶段人工智能课程的教学内容和要求进行了说明。

模块	内容	达成度
高中基础版（校本）人工智能模型	知道机器学习的分类与常用算法，初步认识神经网络。能采用合适的方法获取和处理数据，经历简单模型的创建、训练和应用过程，尝试调整并优化解决方案，解决较为复杂的问题。	☆☆

高中基础版（校本）人工智能应用实践	关注人工智能在不同行业的应用，知道人工智能的特点、优势和边界，能主动探究并应用人工智能技术。能够明确需求，批判性地评估并选用人工智能技术、资源与工具，通过与人工智能协作，开展创造性地应用实践。	☆☆☆

此外，上海市教师教育学院（上海市教育委员会教学研究室）于 2024 年 9 月发布了“《上海市中小学人工智能基础》单元规划与评价样例（试行）”，这个单元规划与评价样例也是课程开发参考的重要依据之一。

【教材内容链接】

该项目式学习内容是基于国家课程的校本化实施，教学内容主要参考了以下普通高中教科书。

一、普通高中通用技术教科书

1. 人民教育出版社普通高中教科书《通用技术・必修・技术于设计 1》

2. 人民教育出版社普通高中教科书《通用技术・必修・技术于设计 2》

二、普通高中信息技术教科书

1. 华东师范大学出版社普通高中教科书《信息技术・选择性必修・人工智能初步》

【适用学情】

1. 自动驾驶小车校本课程是采用项目式学习的方式来实施的，可以结合普通高中通用技术、信息技术学科教学来实施，也可以社团课的形式来实施。

2. 对于区域中小学劳动技术教育中心或区域青少年综合实践教育中心，则可采用 2-3 天集中教学的方式开展。

【项目任务和成果】

一、问题情境和驱动任务

1. 问题情境

时间：2055 年

地点：一座人口超千万的“未来之城”——“新长安”

城市现状：交通拥堵，高峰时段平均车速仅 8 千米 / 小时，通勤者每日浪费 3 小时。事故易发，据统计我国每年有数万人丧生于交通事故，几乎平均每 8 分钟就有 1 人因车祸死亡。死亡交通事故中，90% 以上是因为驾驶人交通违法行为导致。环境压力，传统燃油车排放占城市碳排放的 40%，空气质量持续恶化。

如何通过技术革新解决目前城市交通中存在的拥堵、事故易发、环境污染等问题？

2. 驱动任务

为解决现有城市交通中存在的问题，“未来城市交通委员会”宣布启动“零拥堵、零事故、零排放”计划，招募工程师团队设计新一代自动驾驶汽车，要求能达到 L4 级别的自动驾驶水平，自动决策车辆驾驶行为，自动识别行人、红绿灯等。通过新技术的运用解决现有交通存在的拥堵、事故易发、环境恶化等问题。请以小组为单位，根据现有条件设计并制作一辆自动驾驶小车模型，最终作品需通过“交通委员会”验收（由教师与行业专家模拟评审）。

二、任务分解

根据驱动任务，项目要解决的问题是：如何根据现有条件，设计制作一辆能够自动驾驶的小车模型？这是一个较复杂的问题，可以将其分解成几个子问题分步解决，每个子问题对应一个子项目。几个子问题构成一个问题链，通过问题链的解决驱动项目的开展。

驱动性问题	问题链	子项目
如何根据现有条件，设计制作一辆能够自动驾驶的小车模型？	汽车发展的历史是怎样的？	探究自动驾驶
	实现自动驾驶需要了解哪些人工智能知识？	走进人工智能
	如何设计制作小车的结构？	小车结构设计制作
	如何实现遥控小车行驶？	小车遥控控制系统设计
	如何实现小车自动驾驶？	小车自动驾驶控制系统设计
	作品做得怎么样？	自动驾驶小车作品评估会

三、项目成果

自动驾驶小车项目包含个人学习成果和小组学习成果。

子项目	个人成果	小组成果
子项目一	交通工具发展的历史时间轴、30 年后的汽车畅想蓝图	交通工具发展的历史时间轴、30 年后的汽车畅想蓝图
子项目二	小车自动驾驶控制系统框图	小车自动驾驶控制系统框图
子项目三	小车结构草图、平板电脑支架结构草图	瓦楞纸小车结构模型、可调节角度的瓦楞纸平板电脑支架
子项目四	小车遥控控制系统框图、小车转向控制方案	蓝牙遥控小车模型
子项目五	/	具有简单自动驾驶功能的小车模型
出项活动	演讲、个人反思、小论文	答辩汇报 PPT、演讲、项目反思

【项目学习规划】

子项目	课时	课标或指南内容要求	主要素养目标
子项目一	2	J1(1)(2),R(1)(5)(6),Z(1)(5)	技术意识、人工智能意识、人工智能社会责任
子项目二	2	J1(6),R(1)(2),Z(2)	人工智能思维
子项目三	3	J2(1)(2)(3)(4)(5)	图样表达、物化能力、创新设计
子项目四	3	J2(5)(6)(7)(8)(9)(10)	工程思维、物化能力
子项目五	8	R(3)(4),Z(3)(4)	人工智能应用与创新
出项活动	2	J1(7)J1(8)J1(9)	沟通合作能力、批判性思维能力、人工智能社会责任

说明：表中的 J1 代表《普通高中通用技术课程标准（2017 年版 2020 年修订）》“技术与设计 1”模块中的教学内容要求。J2 代表“技术与设计 2”模块中的教学内容要求。R 代表《普通高中信息技术课程标准（2017 年版 2020 年修订）》选择性必修“人工智能初步”模块中的教学内容要求。Z 代表《上海市中小学人工智能课程指南（试行）》中高中阶段的课程内容要求。

子项目一：探究自动驾驶

建议年级：高一

建议课时：2 课时

【子项目成果】

成果名称	车轮发展时间轴、30 年后的汽车畅想蓝图、学习单	
成果类型	☐ 实物原型 ☐ 方案规划 ☐ 表演展示 ☑ 思维外化	
成果评估	成果评估标准	评估指向的知识 / 能力 / 素养
	能通过梳理交通工具发展的历史，感知技术与人、自然、社会的关系，树立正确的技术观	结合具体案例分析，加深对技术性质与发展历史的理解，初步形成技术的时空观；感知技术与人、自然、社会的关系，形成对人工世界的认识（技术意识）
	能对 30 年后汽车的发展作出预测	能对某一技术的未来发展作出判断（技术意识）
	能说出自动驾驶不同等级水平、典型应用场景，能分析不同自动驾驶技术路线的优势和劣势	结合具体案例分析，具有技术的安全意识、规范意识（技术意识）；认识常见的人工智能应用场景，识别其中的智能技术（人工智能意识）
	能对自动驾驶带来的伦理问题发表自己的见解并与同伴进行分享	能分析某一具体技术使用中的伦理问题（技术意识）；信守智能社会的道德与伦理准则（人工智能社会责任）

【关键概念或能力】

1. 要点

通用技术核心概念	技术的性质、技术与社会
能力	沟通能力、批判性思维、合作能力

2. 解析

通用技术核心概念	技术的性质、技术与社会
技术的性质	技术具有两面性，新技术的广泛应用既会给人类带来经济效益和社会效益，也会给人类带来新的问题。
技术与社会	交通工具是影响人们生活和社会发展的重要因素，技术的进步推动人类社会发展。
沟通能力	1. 积极倾听 全心关注对方，避免轻易打断对方，及时给予反馈以回应对方情绪，通过提问来深入了解，同时简要复述对方观点以确保理解准确。 2. 清晰表达 要求使用普通话且内容简练清晰，同时注意肢体语言以增强表达效果。 3. 处理异议 避免指责对方，学会区分事实与观点，认可并赞美对方的合理之处，换位思考以理解对方立场，陈述事实并以委婉方式提出建议。
批判性思维	1. 分析 能够分解复杂的信息，识别其中的关键点和逻辑结构。 2. 评估 对信息的可靠性、相关性和有效性进行判断。 3. 推理 基于已有的信息和证据，得出合理的结论。 4. 开放性 愿意接受不同的观点和意见，保持思维的灵活性。 5. 逻辑性 在思考和表达时遵循逻辑规则，避免逻辑谬误。 6. 质疑精神 不盲目接受表面信息，敢于提出疑问和挑战。 7 系统性思考 从整体和系统的角度理解问题，考虑各部分之间的相互关系。
合作能力	1. 认可队友的贡献可以让协作更高效 认可队友的贡献是提升协作效率的关键，它能让团队成员感受到自己的价值和被尊重，从而更积极地投入团队工作中。 2. 个体相互配合，以保证整体进展 个体之间的相互配合至关重要，每个成员都需要关注整体进展，确保自己的工作与团队目标相一致，通过有效的沟通和协调，共同推动项目的顺利进行。

续表

合作能力	3. 团队成员承担个人责任 团队成员承担个人责任是协作的基础，每个人都应明确自己的职责和任务，积极主动地完成工作，避免依赖他人或推卸责任，以确保团队整体的高效运作。 4. 团队有明确的、共同的目标 团队拥有明确且共同的目标是高效协作的前提，这能让所有成员朝着同一个方向努力，凝聚团队力量，激发成员的积极性和创造力，使团队在实现目标的过程中保持高度的一致性和协同性。

【学习目标】

1. 通过独立思考、讨论交流，预测未来三十年汽车的发展趋势，发展沟通能力及批判性思维能力。

2. 借助 AI 大语言模型通过自主学习、合作学习，了解自动驾驶的相关概念、水平分级、应用场景等，发展自主学习、人机协作能力。

3. 通过主题阅读，了解交通工具的发展历史，能够认识到技术对交通工具发展的重要推动作用；能分析自动驾驶技术的优势与局限，形成初步技术意识。

【子项目任务】

【任务一】回顾车轮上的历史

一、学习工具

1. 学习任务单

2. 书籍：《车轮上的历史》《自动驾驶之争》

二、学习活动

快速阅读《车轮上的历史》《自动驾驶之争》了解交通工具发展的历史，绘制交通工具发展的历史时间轴。

1. 以时间为轴梳理交通工具发展的历史。

三、学习成果

车轮发展时间轴。

四、学习评价

评价维度	如果符合请打 √
能根据时间先后梳理交通工具发展的历史	□

【任务二】畅想 30 年后的汽车

一、学习工具

1. 学习任务单

2. 平板电脑、DeepSeek、通义千问、豆包等

二、学习活动

汽车作为现代社会不可或缺的交通工具，其发展始终与科技进步紧密相连。如今，科技的飞速发展正不断重塑汽车的形态与功能。那么，30 年后的汽车会是怎样的呢？它使用的能源是否会更加清洁环保？在功能配置上，又将如何借助人工智能技术，提供更加便捷、智能的出行体验？而在外观设计上，是否会突破传统，展现出前所未有的造型？请大胆设想，描绘出你心中 30 年后的未来汽车。

1. 请先独立思考，然后将你的设想记录下来。

我认为 30 年后的汽车可能会是这样的：

2. 与同伴分享你的设想，讨论交流哪些设想可能会实现？哪些不太可能会实现？可以从可行性、技术瓶颈、社会接受度、环境影响等角度对你们的设想进行评价。

我认为以下设想可能会实现：
我认为以下设想不太可能实现：

3. 组内讨论交流，形成小组的设想，记录在以下表格中，并在班级内交流分享。

经过组内讨论交流，小组一致认为，30 年后的汽车可能会是这样的：

4. 询问 AI 大语言模型（如 DeepSeek、豆包、通义千问等），看看 AI 大语言模型如何预测 30 年后汽车的发展趋势。比较你的预测与 AI 的预测有哪些不同，记录在下表中。

你与 AI 预测一致的是：
AI 想到了而你没有想到的是：
请你评价 AI 对 30 年后汽车发展趋势的预测：

三、学习成果

30 年后的汽车畅想蓝图。

四、学习评价

评价维度	如果符合请打 √
能对 30 年后的汽车发展做出合理的预测	□
主动与同伴交流想法、善于倾听他人的想法	□
对他人的想法能提出自己的见解	□
会使用 AI 大语言模型	□
知道自己思考问题与大语言模型思考问题的区别	□

【任务三】认识自动驾驶

一、学习工具

1. 学习任务单

2. 书籍：《自动时代：无人驾驶重塑世界》

二、学习活动

1. 阅读以下材料，完成填空。

自动驾驶汽车是一种新型的智能汽车，它装备了高科技的传感器、控制器和执行器等设备，并且结合了现代通信和网络技术。这种汽车能够感知复杂的环境，做出智能的决策，并且可以与其他车辆、行人、道路甚至是云端进行信息交流和共享。最终，自动驾驶汽车的目标是能够代替人类驾驶员来操作车辆。因此，它也被称作智能网联汽车。

简单来说，自动驾驶系统就像是汽车的大脑和感官。就像人类驾驶员需要观察路况、思考路线并控制车辆一样，自动驾驶汽车也需要通过它的“眼睛”来“看”清周围的环境，然后将这些信息传递到它的“大脑”中进行处理，最后做出决策并通过“四肢”来控制车辆的行驶方向。所以，自动驾驶汽车的三大关键系统就是“感知”“决策”“执行”，它们分别对应着人类的“眼睛”“大脑”“四肢”。

自动驾驶汽车三大关键系统

自动驾驶汽车	类似	人类
	→	眼睛
	→	大脑
	→	四肢

2. 绘制自动驾驶汽车系统组成框图。

三、学习成果

自动驾驶汽车系统构成图。

四、学习评价

评价维度	如果符合请打 √
能图文并茂地表示自动驾驶汽车系统组成	□

【任务四】了解自动驾驶等级水平

一、学习工具

1. 学习任务单

2. 中国国家标准 GB/T 40429-2021《汽车驾驶自动化分级》

二、学习活动

1. 绘制汽车驾驶自动化水平分级图。

阅读中国国家标准 GB/T 40429-2021《汽车驾驶自动化分级》，完成以下表格。

自动驾驶汽车	类似
L0	________辅助
L1	________辅助
L2	________辅助
L3	________自动驾驶
L4	________自动驾驶
L5	________自动驾驶

根据“开启自动驾驶功能后，驾驶员是否应该处于驾驶状态”这一标准，自动驾驶以 L3 级为分界线，分为辅助驾驶和自动驾驶。理论上讲，只有 L3 级以上（包括 L3 级）才能称之为自动驾驶。自动驾驶汽车最理想的状态是最高级别 L5 级（完全自动驾驶），即其能在所有道路环境下执行完整的动态驾驶任务和动态驾驶任务支援，全程无需驾驶员介入，此时的自动驾驶汽车又可以称之为无人驾驶汽车。

以金字塔的形式绘制汽车驾驶自动化水平分级图。

三、学习成果

汽车自动化驾驶分级金字塔图。

四、学习评价

评价维度	如果符合请打√
能解释自动驾驶不同等级水平	□

【任务五】了解自动驾驶典型应用场景

一、学习工具

1. 学习任务单
2. 书籍：《自动时代：无人驾驶重塑世界》

二、学习活动

自动驾驶除了可以用在日常家庭出行场景中，还可以用在哪些场景中？

经过组内讨论交流，小组认为自动驾驶还可以用在以下场景中：

三、学习成果

自动驾驶应用场景图。

四、学习评价

评价维度	如果符合请打√
能列举 4 种以上自动驾驶应用场景	□

【任务六】了解自动驾驶技术路线

一、学习工具

1. 平板电脑、DeepSeek、通义千问、豆包等
2. 书籍：《自动时代：无人驾驶重塑世界》

二、学习活动

阅读以下材料，完成以下表格

自动驾驶技术主要有以下三种技术路线：

（1）纯视觉方案

核心特点：以摄像头为主要感知设备，通过深度学习算法对摄像头采集的图像数据进行处理和分析，从而实现对周围环境的感知和理解。

代表企业：特斯拉是这一路线的典型代表。特斯拉的 FSD（全自动驾驶）系统主要依靠车辆周围的多个摄像头，结合强大的计算芯片和先进的算法，实现自动驾驶功能。

优点：成本相对较低，摄像头的硬件成本和部署难度都较小，且随着计算机视觉技术的发展，其性能不断提升。

缺点：对光照条件和天气状况较为敏感，例如在强光、弱光、雨雪等恶劣天气下，摄像头的成像质量会受到影响，从而降低系统的感知精度。

（2）多传感器融合方案

核心特点：综合运用多种传感器，如激光雷达（LiDAR）、毫米波雷达、摄像头等，并辅以高精度地图的支持。通过不同传感器的优势互补，实现对环境的全方位、高精度感知。

代表企业：谷歌 Waymo、百度 Apollo 等。Waymo 的自动驾驶系统采用了多传感器融合技术，其车辆配备了高性能的激光雷达、摄像头和毫米波雷达。百度 Apollo 也在多传感器融合方面进行了大量研发和测试，利用多种传感器数据的融合，提高自动驾驶的安全性和可靠性。

优点：在复杂环境下的表现更加可靠，能够应对各种天气和光照条件，感知精度高。

缺点：初期投入成本较高，传感器的安装、校准和维护较为复杂。

（3）车路协同（V2X）方案

核心特点：车辆通过无线通信技术与周围的车辆、基础设施（如道路、交通信号灯等）、行人等进行信息交换和共享。这种方式不仅依赖车辆自身的感知和决策能力，还借助外部信息来优化行驶路径和提高安全性。

代表企业：在中国，华为等企业在车路协同领域进行了积极探索。华为的“5G+AI”融合策略，通过 5G 高速通信网络，实现车辆与外界的高效信息交互。

优点：能够实现更高效的交通管理，减少交通拥堵，提高整体交通系统的安全性。

缺点：需要大规模的基础设施建设和通信网络支持，实施难度较大，且需要不同部门之间的协调合作。

技术路线	代表车企	优点	缺点
纯视觉			
多传感器融合			
车路协同			

三、学习成果

不同自动驾驶技术路线比较表。

四、学习评价

评价维度	如果符合请打 √
能说出自动驾驶不同技术路线，并能分析各种技术路线的优缺点。	☐

【任务七】了解自动驾驶带来的伦理问题

一、学习工具

1. 学习任务单
2. 书籍：《自动时代：无人驾驶重塑世界》

二、学习活动

1. 自动驾驶汽车在不可避免的碰撞中应优先保护车内乘客还是车外行人？你对这个问题持什么样的观点，请思考后，写下来，并与同伴分享。

我对这个问题的看法是：

2. 自动驾驶汽车制造商应对其车辆在事故中的道德决策承担全部责任吗？你对这个问题持什么样的观点，请思考后，写下来，并于同伴分享。

我对这个问题的看法是：

三、学习成果

学习任务单。

四、学习评价

评价维度	如果符合请打 √
能对自动驾驶可能带来的伦理问题展开思考，并能对别人的观点提出自己的见解。	□

【子项目评价】

请根据项目实践情况进行自我评价（☆☆☆代表“高手”，☆☆代表“能手”，☆代表“新手”），在评价表中相应的位置打“ √ ”，完成后请同伴或老师进行评价。

评价内容	评价标准	自评	他评
技术意识	☆☆☆能对汽车未来三十年发展方向做出合理的判断；能说出自动驾驶 4 个以上典型应用场景；能说出自动驾驶技术对人类、自然、社会带来的积极 / 消极影响以及可能带来的伦理问题。		
	☆☆能对汽车未来三十年发展方向做出预测，但部分预测不合理；能说出自动驾驶技术对人类、自然、社会带来的影响；能说出自动驾驶 2-3 个典型应用场景。		
	☆对汽车的未来三十年发展方向的预测多数不合理；说出的自动驾驶典型应用场景少于 2 个；不能说出自动驾驶技术对人类、自然、社会带来的影响。		
工程思维	☆☆☆能比较、分析三种自动驾驶技术路线各自的优势和劣势；根据汽车功能描述能准确说出它的自动驾驶水平等级；能用自己的话解释自动驾驶控制系统组成。		
	☆☆能说出自动驾驶三种技术路线各自的优势和劣势；能区分 L0-L5 六种自动驾驶水平等级；能说出自动驾驶控制系统组成。		
	☆能说出自动驾驶技术路线、自动驾驶水平等级，但不全面；能说出自动驾驶控制系统部分组成。		

续表

沟通能力	☆☆☆能积极主动与他人分享自己的观点；能积极倾听他人的想法，给对方反馈，但不轻易打断对方，不指责他人，能认可和赞美别人的观点，能换位思考。		
	☆☆能与他人分享自己的观点；他人交流时，能认真倾听他人的想法		
	☆不与他人分享自己的想法；与他人交流时，做自己的事，不倾听他人的想法；		
合作能力	☆☆☆组内所有成员积极参与讨论交流，针对他人的观点能发表自己的看法，最终组内达成一致的看法。		
	☆☆大部分组员积极讨论并认真倾听。		
	☆只有少数成员参与组内讨论交流。		
批判性思维	☆☆☆能够独立思考，提出有深度的问题，并能够对问题进行深入分析和论证，能够从多个角度思考问题，最终形成有说服力的观点。		
	☆☆能够独立思考，提出问题，并能够对问题进行一定的分析和论证，能够从一两个角度思考问题，最终形成较为合理的观点。		
	☆能够独立思考，提出问题，但对问题的分析和论证不够深入，思考角度较为单一，最终形成的观点不够有说服力。		

子项目二：走进人工智能

建议年级：高一

建议课时：2 课时

【子项目成果】

<table>
<tr><td>成果名称</td><td colspan="2">学习单</td></tr>
<tr><td>成果类型</td><td colspan="2">☐ 实物原型
☐ 方案规划
☐ 表演展示
☑ 思维外化</td></tr>
<tr><td rowspan="6">成果评估</td><td>成果评估标准</td><td>评估指向的知识 / 能力 / 素养</td></tr>
<tr><td>能运用人工智能核心概念分析人工智能技术的发展历程</td><td>理解人工智能的核心概念（人工智能思维）</td></tr>
<tr><td>能说出人工智能常见领域及人工智能能解决的不同类型问题及不同方法</td><td>理解人工智能与人类智能的异同，认识人工智能的特点、优势和能力边界，能够意识到人工智能的优缺点（人工智能意识）</td></tr>
<tr><td>能分析自动驾驶小车所属的人工智能领域的问题类型</td><td>能够认识常见的人工智能应用场景，识别其中的智能技术（人工智能意识）</td></tr>
<tr><td>能分析小车自动驾驶控制系统组成</td><td>通过技术系统案例分析，感知系统和工程现象，理解系统的基本特征（工程思维）</td></tr>
<tr><td>能说明人工智能机器学习解决问题的一般过程</td><td>熟悉人工智能技术应用的基本过程（人工智能思维）</td></tr>
</table>

【关键概念或能力】

1. 要点

跨学科大概念	系统
通用技术核心概念	控制系统
信息技术核心概念	数据、算法
人工智能基础核心概念	人工智能三要素（数据、算力、算法）、机器学习、人工神经元、神经网络、浅层神经网络、深度神经网络、深度学习、神经网络模型
问题解决的过程与方法	机器学习解决问题的一般过程
能力	沟通能力、合作能力

2. 解析

关键概念或能力	解析
人工智能三要素	数据、算法、算力是人工智能的三要素，数据是人工智能的基础，提供了训练和学习所需的资源，数据的质量和数量很重要。算法是处理数据、实现智能决策的核心。算力是计算机执行计算任务的能力，支撑算法的运行，在处理大规模数据和复杂计算时至关重要。这三要素相互依赖、彼此联系，共同促进人工智能的发展。
机器学习、人工神经元、神经网络、深度学习	1. 机器学习是人工智能的一个领域，神经网络是机器学习的一种算法。 2. 人工神经元包括输入、处理和输出，其中处理包括两个步骤：第一步是对所有输入的数据乘以相应的权重求和再加上偏置值；第二步是对第一步得到的结果应用激活函数。人工神经元可以看成一个复杂的函数。 3. 神经网络是一种通过堆叠“神经元层”实现智能计算的数学模型，可以看成一个非常复杂的函数，神经网络包括输入层、隐藏层和输出层。根据神经网络的隐藏层数量可分为浅层神经网络（有≤ 1 个隐藏层）和深层神经网络（有≥ 2 隐藏层）。 4. 深度学习是通过多层级非线性变换自动学习数据特征的机器学习方法。

【学习目标】

1. 通过讨论交流，理解数据、算法、算力对人工智能技术发展的推动作用，感悟技术发展规律。

2. 借助 AI 大语言模型通过自主学习，了解人工智能、机器学习、神经网络、深度学习等概念，发展自主学习能力。

3. 通过 AI 大语言模型、讨论交流，明确自动驾驶小车要解决的问题，选择合适的解决方案，形成初步的工程思维。

4. 通过分析自动驾驶小车控制系统组成，形成初步的工程思维。

5. 通过绘制流程图，了解人工智能解决问题的一般过程，形成初步的工程意识。

【知识链接】

人工智能是一个较宽泛的领域，涉及的知识面很广，要完成自动驾驶小车项目，需要了解一些人工智能基础知识，下面的思维导图罗列了人工智能基础相关概念。请用平板电脑扫描以下二维码，学习人工智能基础知识。

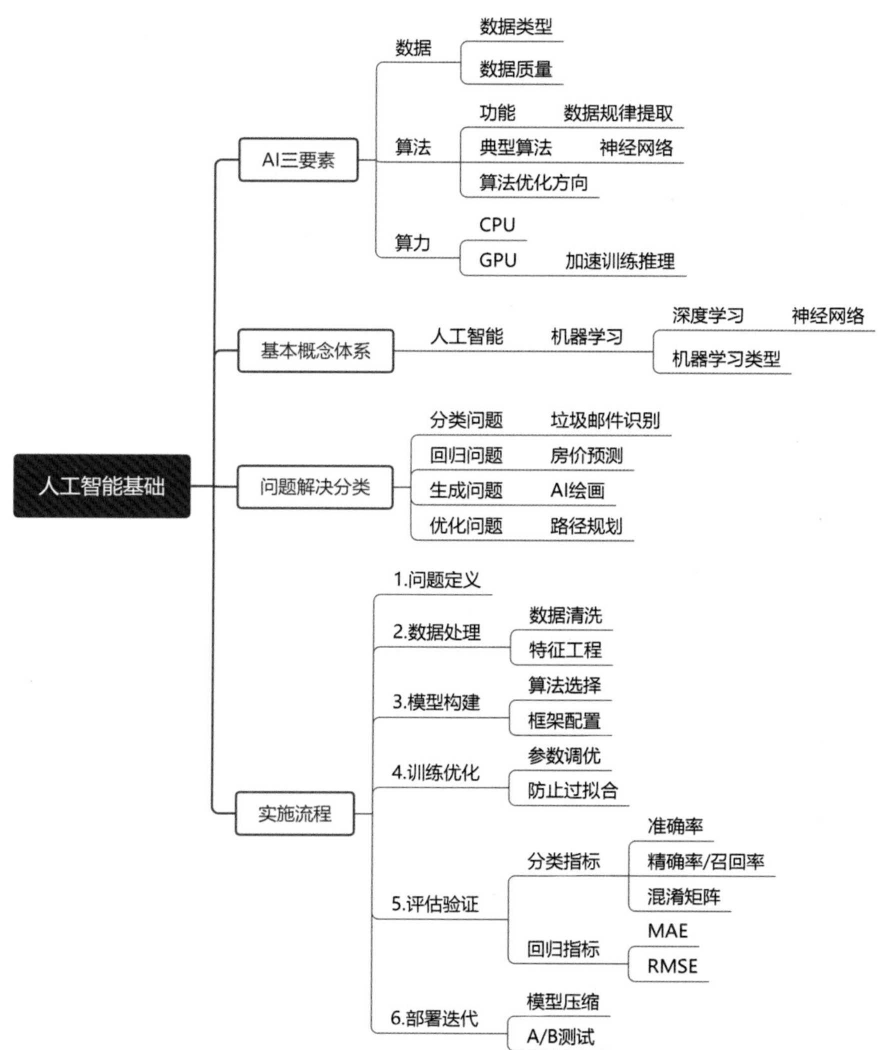

【子项目任务】

【任务一】讨论交流人工智能的发展

一、学习工具

1. 学习任务单

2. 平板电脑、DeepSeek、通义千问、豆包等

二、学习活动

1. 人工智能早在1956年就提出来了，为什么最近10年发展得特别快？请从人工智能三要素思考，并与同伴讨论，分享你的观点，将你们讨论的观点记录下来。

2. 向AI大语言模型（如DeepSeek、豆包、通义千问等）询问同样的问题，看看AI是如何思考的，比较你的思考与AI大语言模型的思考有哪些不同之处，记录在下表中。

你思考与AI的思考的不同之处：

三、学习成果

学习单。

四、学习评价

评价维度	如果符合请打√
能从人工智能三要素分析近年来人工智能技术的飞速发展。	☐
主动与同伴交流想法、善于倾听他人的想法。	☐
善于使用AI大语言模型帮助自己理解人工智能相关概念。	☐
知道自己思考问题与AI大语言模型思考问题的区别。	☐

【任务二】了解人工智能相关基本概念

一、学习工具

1. 学习任务单

2. 平板电脑、DeepSeek、通义千问、豆包等

二、学习活动

1. 阅读人工智能基础相关学习材料，通过图文并茂的形式向他人解释人工智能、机器学习、神经网络、深度学习之间的关系。

2. 用自己的话向同伴解释经典编程与机器学习的区别。

三、学习成果

学习任务单。

四、学习评价

评价维度	如果符合请打 √
能说明人工智能、机器学习、神经网络、深度学习之间的关系。	☐
能解释经典编程与机器学习的区别。	☐
善于使用 AI 大语言模型帮助自己理解人工智能相关概念。	☐

【任务三】明确自动驾驶小车项目要解决的问题

一、学习工具

1. 学习任务单

2. 平板电脑、DeepSeek、通义千问、豆包等

二、学习活动

出于成本考虑，我们希望利用身边已有的设备如平板电脑、手机、电脑等结合开源硬件实现小车沿着车道自动驾驶，小车可以通过平板电脑或手机摄像头实时拍照，通过 AI 模型分析实时拍摄的图像，决策小车应该是直行、左转、右转呢，还是停止？我们打算用纯视觉的方法实现小车的自动驾驶，这个问题属于人工智能领域中的哪一类问题？考虑到平板、手机的算力有限，具体选择什么算法来实现？可以与 AI 大语言模型对话，并在组内讨论，并将你们讨论的结果记录在以下表格中。

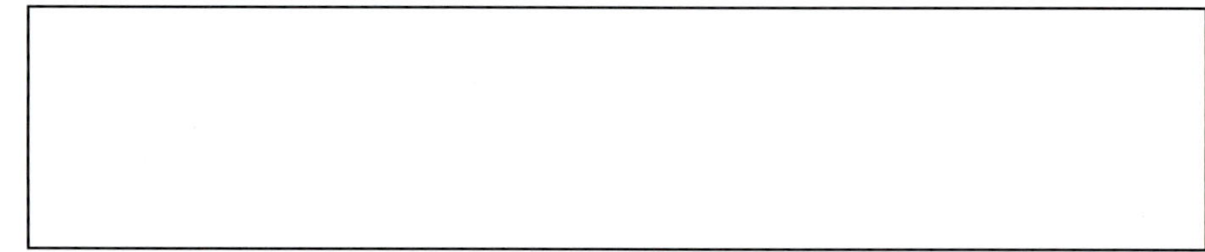

三、学习成果

学习任务单。

四、学习评价

评价维度	如果符合请打 √
能根据现有条件，分析问题，选择合适的技术方案。	□
善于使用 AI 大语言模型帮助自己解决问题。	□

【任务四】了解小车自动驾驶控制系统组成

一、学习工具

学习任务单。

二、学习活动

小车自动驾驶控制系统主要包括平板电脑模型实时推理子系统和小车控制子系统。利用平板电脑的摄像头实时采集图像，将图像给 AI 模型进行推理分析，得到小车执行的指令（go left right stop）；将指令通过无线通讯发送给小车上的单片机，单片机收到指令后让电机执行相应的动作。

根据以上描述，在下方框内绘制各个子系统的输入、处理、输出。

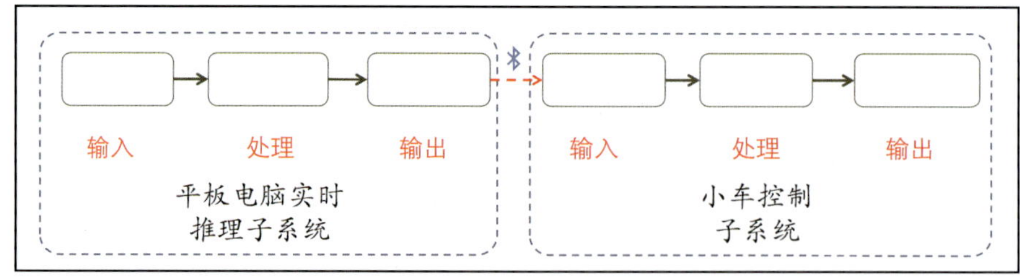

三、学习成果

学习任务单。

四、学习评价

评价维度	如果符合请打√
能说出小车自动驾驶控制系统组成，能绘制各子系统控制框图。	□

【任务五】了解人工智能解决问题的一般流程

一、学习工具

学习任务单。

二、学习活动

阅读人工智能基础学习材料，在以下方框内绘制人工智能解决问题的流程图。

三、学习成果

学习任务单。

四、学习评价

评价维度	如果符合请打√
能说出小车自动驾驶控制系统组成，能绘制各子系统控制框图。	□

【子项目评价】

请根据项目实践情况进行自我评价（☆☆☆代表“高手”，☆☆代表“能手”，☆代表“新手”），完成后请同伴或老师进行评价。

评价内容	评价标准	自评	他评
技术意识	☆☆☆能用自己的话解释数据、算力、算法，并能说明三者之间的关系；能说明数据、算力、算法对人工智能技术发展的影响。		
	☆☆能解释数据、算力、算法，并能说明三者之间的关系。		
	☆能说出人工智能的三要素。		
工程思维	☆☆☆能结合具体的案例说明经典编程和机器学习的区别；能通过流程图准确描述人工智能解决问题的一般过程；能根据自动驾驶小车项目描述明确问题类别，选择合适的解决方案（算法）；能准确说出自动驾驶小车控制系统各子系统的组成。		
	☆☆能通过比较说出经典编程和机器学习的区别；能通过流程图描述人工智能解决问题的一般过程；能根据自动驾驶小车项目描述明确问题类别；能说出自动驾驶小车控制系统各子系统的组成。		
	☆能说出经典编程和机器学习的区别，能说出人工智能解决问题的一般过程。		
沟通能力	☆☆☆能积极主动与他人分享自己的观点；能积极倾听他人的想法，给对方反馈，但不轻易打断对方，不指责他人，能认可和赞美别人的观点，能换位思考。		
	☆☆能与他人分享自己的观点；他人交流时，能认真倾听他人的想法		
	☆不与他人分享自己的想法；他人交流时，做自己的事，不倾听他人的想法；		
合作能力	☆☆☆组内所有成员积极参与讨论交流，针对他人的观点能发表自己的看法，最终组内达成一致的看法。		
	☆☆大部分组员积极讨论并认真倾听。		
	☆只有少数成员参与组内讨论交流。		

子项目三：小车结构设计制作

建议年级：高一

建议课时：3 课时

【子项目成果】

成果名称	瓦楞纸小车结构模型、可调节角度的瓦楞纸平板电脑支架	
成果类型	☑ 实物原型 ☐ 方案规划 ☐ 表演展示 ☐ 思维外化	
成果评估	成果评估标准	评估指向的知识 / 能力 / 素养
	通过纸桥、车身结构承重试验，探究影响结构强度、稳定性的因素	能对模型进行基本的技术测试，撰写简单的技术测试和方案试验的报告（物化能力）
	能根据现有条件及小车自动驾驶项目需求设计一至两个小车结构方案	能根据需求制定一个或多个方案，并进行初步的比较与权衡（创新设计）
	能绘制小车结构草图准确表达设计构想并与同伴交流分享	能用草图准确表达与交流设计构想（图样表达）
	能结合小车结构设计与制作任务制定科学合理的工作流程，提高工作效率，保证模型质量	能从效率、流程等方面进行方案的评价与优化（物化能力）
	能根据项目需求选择材料和工具在规定的时间内完成小车结构制作和装配，结构的强度、稳定性符合要求	根据方案设计要求选择材料和工具，确定工作流程，眼睛细致地完成模型制作和装配，并对模型进行技术测试，撰写简单的技术测试报告（物化能力）
	能与同伴分工合作，高效地、高质量地完成小车结构设计制作	会交流、会合作（沟通协作能力）

【关键概念或能力】

1. 要点

通用技术核心概念	结构、流程
问题解决的过程与方法	工程设计的一般过程
能力	沟通能力、合作能力

2. 解析

关键概念或能力	解析
结构	1. 结构是物体各个组成部分之间的搭配和排列，不同结构具有不同功能。 2. 力学结构包括框架结构、壳体结构、实心结构三类。 3. 结构的稳定性与它的重心位置、支撑面积和几何形状密切相关。 4. 结构的强度与结构的形状、使用的材料、连接方式等因素密切相关。 5. 设计结构时需要考虑安全性、适用性、耐久性、稳定性、强度等因素，还要考虑经济因素。
流程	1. 产品的设计和制造需要按照一定的顺序分步骤进行，这就是流程。 2. 合理设计流程能提高工作效率、经济效益、节约资源、保护环境。
工程设计过程	工程设计的一般过程包括明确问题、确定方案、设计制作、改进优化、交流与评价等步骤。

【学习目标】

1. 通过典型结构案例欣赏、分析，了解结构的一般分类，能对结构进行简单的受力分析，从力学的角度理解结构对产品及其功能实现的独特价值。

2. 经历瓦楞纸简易纸桥、平板电脑支架设计制作，探究分析影响纸桥结构强度及平板电脑支架稳定性的因素，形成初步的工程思维。

3. 结合自动驾驶小车实际需求进行简单的小车车身结构设计，绘制设计图样，加工制作小车结构模型。

4. 结合小车结构加工制作，制定科学合理的工作流程，提高工作效率，保证工作质量。

【知识链接】

由于需要将平板电脑放置在小车上，因此需要自己设计制作小车，需要了解一些接结构和流程相关的知识，下面的思维导图罗列了结构、流程相关概念，建议阅读人民教育出版社普通高中《通用技术必修技术与设计 2》相关内容。

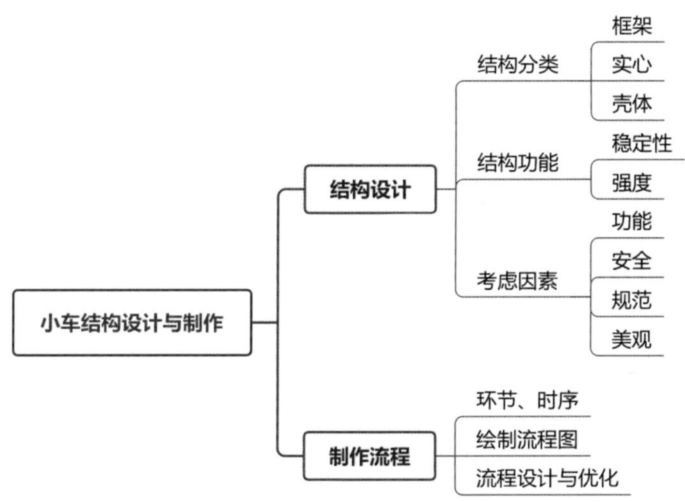

我们主要采用瓦楞纸作为车身和平板支架的主要材料，请扫描以下二维码，了解瓦楞纸相关知识。

【子项目任务】

【任务一】了解力学结构

一、学习工具

学习任务单。

二、学习活动

1. 力学结构一般分为框架结构、壳体结构和实心结构，结合生活中所见所闻，每个分类例举 2 个以上经典结构案例，填写在以下表格中，并与同伴分享。

框架结构例如：	壳体结构例如：	实心结构例如：

2. 请通过示意图分析石拱桥拱顶（中间最高处）、拱身（中间到基座的部分）、拱脚（两端基座）、桥台和地基各个部分受力的类型和大致的方向，与同伴讨论交流你们的答案。

三、学习成果

学习任务单。

四、学习评价

评价维度	如果符合请打 √
能列举生活中的经典结构案例，说出结构分类。	☐
能结合具体案例，简单分析结构受力情况。	☐

【任务二】设计制作纸桥

一、学习工具和材料

1. 学习任务单。

2. 材料：一张 40cm*40cm*3mm 三层瓦楞纸或 2 张 A4 纸、双面胶若干、热熔胶棒

工具：美工刀、剪刀、切割垫、热熔胶枪等。

二、学习活动

1. 设计制作一座简易的纸桥，桥面长度 ≥ 35cm，桥墩跨度 ≥ 25cm，桥面高度 ≥ 10cm。将你的设计方案图文并茂绘制在以下表格中。

框架结构例如：	壳体结构例如：

2. 确定材料、结构、连接方式制作纸桥。

材料	结构	连接方式
☐ 瓦楞纸 ☐ A4 纸	☐ 方案 1 ☐ 方案 2	☐ 无胶 ☐ 双面胶 ☐ 热熔胶

3. 加工制作纸桥模型。

4. 纸桥承重测试。

将杠铃砝码放置在桥面，观察纸桥是否垮塌，记录最大承重。

桥面最大承载质量：

5. 组内讨论交流，比较不同设计方案的测试结果，总结纸桥的强度与哪些因素有关？

三、学习成果

纸桥模型。

四、学习评价

评价维度	如果符合请打 √
能提出1至2种纸桥设计方案，并绘制草图呈现纸桥设计方案。	□
能选择合适的方案、材料、工具加工制作纸桥。	□
合理、安全使用工具。	□
纸桥桥面能承受约 50N 压力。	□
能归纳总结影响纸桥强度的因素。	□

【任务三】设计制作平板电脑支架结构

一、学习工具和材料

1. 学习任务单。

2. 材料：一张 50cm*50cm*5mm 三层瓦楞纸、双面胶若干、热熔胶棒一根。

3. 工具：美工刀、剪刀、切割垫、热熔胶枪、平板电脑等。

二、学习活动

1. 设计并制作一款平板电脑支架，支架具备可调节倾斜角度的功能，适用于平板电脑竖屏放置；其倾斜角度分三档可调节，分别为 45°、55°、65°；支架不能遮挡平板电脑后置摄像头，保证后置摄像头能拍摄前方的画面；支架还具备良好的稳定性，能够确保平板电脑放置在支架上时稳固不易脱落。

将你的设计方案图文并茂绘制在以下表格中，草图中示意瓦楞的方向。

方案 1 草图：	方案 2 草图：

2. 加工制作平板电脑支架

3. 平板电脑支架稳定性测试

将平板电脑放置在支架上，将支架放置在桌面上，轻轻震动桌面，观察放置平板电脑的支架是否稳固。

序号	倾斜角度	稳定性
1	45°	□稳定　□不稳定
2	55°	□稳定　□不稳定
3	65°	□稳定　□不稳定

4. 组内讨论交流，比较不同设计方案的测试结果，总结平板电脑支架稳定性与哪些因素有关？

三、学习成果

瓦楞纸平板电脑支架。

四、学习评价

评价维度	如果符合请打√
能提出 1 至 2 种平板电脑支架设计方案，并绘制草图呈现平板电脑支架方案。	□
能选择合适的方案、材料、工具加工制作平板电脑支架。	□
合理、安全使用工具。	□
平板电脑支架能分三档调节平板电脑倾斜的角度。	□
平板电脑放置在支架上稳定不脱落。	□

【任务四】设计制作小车行驶的车道

一、学习工具和材料

1. 学习任务单

2. 材料：A4 若干、透明胶带或双面胶一卷

3. 工具：剪刀、透明胶带切割器

二、学习活动

1. 用A4纸拼接一个供小车行驶的车道，车道既有直的地方也有弯曲的地方；车道弯曲处的半径不宜过小。将你的车道设计方案绘制在以下表格中。

方案1草图：	方案2草图：

2. 组内讨论交流，选择一个合适的车道设计方案，并说明理由。

3. 小组合作，拼接小车行驶的车道。

三、学习成果

小车行驶的车道。

四、学习评价

评价维度	如果符合请打√
能提出1至2种小车车道设计方案，并绘制草图呈现车道方案。	☐
能选择合适的方案、材料、工具拼接车道。	☐
合理、安全使用工具。	☐
车道既有直的地方也有弯曲的地方，弯曲半径大于50cm。	☐

【任务五】设计制作小车车身结构

一、学习工具和材料

1. 学习任务单。

2. 材料：六张40cm*40cm*5mm三层瓦楞纸、双面胶若干、热熔胶棒3根、TT马达（减速比1：120）2个、TT马达配套轮胎2个、1寸PP小车万向轮。

3. 工具：钢尺、美工刀、剪刀、切割垫、热熔胶枪、平板电脑等。

二、学习活动

1. 设计并制作一款瓦楞纸小车，小车的车身内部能够放置电路板和充电宝，并且便于将电路板、充电宝从车身内部取出。小车的顶部需保持水平状态，以便放置平板电脑支架，同时要确保平板电脑支架在放置后不会从顶部脱落，保证使用的稳定性和安全性。

将你的小车车身结构设计方案绘制在以下表格中。

草图：

2. 与同伴分享你们的设计方案，讨论交流，选择一个合适的设计方案，并说明理由。

3. 与同伴合作加工制作小车车身结构。

（1）分工协作

成员：	主要负责：

（2）工作流程

与同伴讨论加工制作的流程，绘制简单的工作流程图。

（3）加工制作小车车身结构

4. 测试小车车身结构强度及稳定性。

（1）小车车身强度测试

将 5 千克杠铃砝码放置在车身顶部，观察车身形变及是否垮塌。

测试结果：
□ 车身结构无明显变形
□ 车身结构有变形，去除杠铃砝码，结构基本恢复原状
□ 车身结构有明显变形，去除杠铃砝码，结构无法恢复原状
□ 车身结构有损坏

（2）小车车身稳定性测试

将平板电脑放置在支架上，将支架放置在小车车身顶部，轻轻震动车身，观察支架是否移动，平板电脑是否脱落。

序号	倾斜角度	支架	平板电脑
1	45°	□ 位置固定 □ 有移动	□ 稳固 □ 脱落
2	55°	□ 位置固定 □ 有移动	□ 稳固 □ 脱落
3	65°	□ 位置固定 □ 有移动	□ 稳固 □ 脱落

三、学习成果

瓦楞纸小车。

四、学习评价

评价维度	如果符合请打 √
能提出至少 1 种小车结构设计方案，并绘制草图呈现小车结构方案。	□
能选择合适的方案、材料、工具加工制作小车结构。	□
合理、安全使用工具。	□
小车顶部承受约 50N 压力。	□
平板电脑放置在小车顶部的平板电脑支架上不脱落。	□

【子项目评价】

请根据项目实践情况进行自我评价（☆☆☆代表“高手”，☆☆代表“能手”，☆代表“新手”），完成后请同伴或老师进行评价。

评价内容	评价标准	自评	他评
创新设计	☆☆☆能根据现有条件结合项目需求，制定至少两种小车结构方案，并进行比较和权衡。		
	☆☆能根据现有条件结合项目需求，制定一种小车结构方案，结构合理，符合项目需求。		
	☆能根据现有条件结合项目需求，制定一种小车结构方案，但方案存在明显的不合理之处。		
图样表达	☆☆☆能绘制规范的设计图纸，通过三维草图、二维草图结合文字说明清晰地呈现模型的结构。能结合草图与同伴交流设计构想。		
	☆☆能绘制简单的草图，图文并茂地呈现模型结构。能结合草图与同伴交流设计构想。		
	☆没有绘制草图或绘制的草图不能清晰地呈现设计构想。		
物化能力	☆☆☆能根据设计方案选择合适的材料和工具，确定模型加工制作的时序和工序，能高效高质量地完成模型的制作和装配。能对模型结构进行力学测试，并撰写简单的技术测试报告，模型的功能、强度、稳定性等符合要求，结构具有一定的美观性。具有安全、环保、质量意识。		
	☆☆能根据设计方案选择合适的材料和工具，合理规划加工制作流程，在规定的时间内完成模型的制作和装配。能对模型结构进行力学测试，模型的功能、强度、稳定性等合项目要求。		
	☆能利用材料和工具完成模型的制作和装配，模型的功能、强度、稳定性等与要求有差距。		
沟通能力	☆☆☆能积极主动与他人分享自己的观点；能积极倾听他人的想法，给对方反馈，但不轻易打断对方，不指责他人，能认可和赞美别人的观点，能换位思考。		
	☆☆能与他人分享自己的观点；他人交流时，能认真倾听他人的想法		
	☆不与他人分享自己的想法；他人交流时，做自己的事，不倾听他人的想法；		
合作能力	☆☆☆组内分工明确，每位成员都承担个人责任并认可他人，团队成员相互配合，团队有明确的、共同的目标，项目进展顺利。		
	☆☆组内分工明确，每位成员都能参与项目，共同推进项目，项目按时完成。		
	☆组内分工不明确，少数成员没有积极参与项目，项目未能按时完成。		

子项目四：小车遥控控制系统设计

建议年级：高一 / 高二

建议课时：3 课时

【子项目成果】

<table>
<tr><td>成果名称</td><td colspan="2">蓝牙遥控小车模型</td></tr>
<tr><td>成果类型</td><td colspan="2">☑ 实物原型
☐ 方案规划
☐ 表演展示
☐ 思维外化</td></tr>
<tr><td rowspan="6">成果评估</td><td>成果评估标准</td><td>评估指向的知识 / 能力 / 素养</td></tr>
<tr><td>能绘制简单方框图分析小车遥控控制系统组成</td><td>能用控制系统框图表达简单的控制系统设计方案（图样表达）</td></tr>
<tr><td>能用 MicroBlocks 开源电子设计平台设计小车控制系统</td><td>能根据设计方案选择合适的材料和工具（物化能力）</td></tr>
<tr><td>能根据需求设计一个或多个小车转向控制方案</td><td>能根据需求制定一个或多个方案，并进行初步的比较与权衡（创新设计）</td></tr>
<tr><td>能通过测试选择合适的小车转向控制方案</td><td>能对模型进行基本的技术测试，撰写简单的方案试验报告（物化能力）</td></tr>
<tr><td>能通过测试优化小车遥控行驶功能</td><td>能通过技术试验对模型进行优化和改进（工程思维）</td></tr>
</table>

【关键概念或能力】

1. 要点

跨学科大概念	系统
通用技术核心概念	控制系统
问题解决的过程与方法	工程设计一般过程
能力	沟通能力、合作能力、批判性思维

2. 解析

关键概念或能力	解析
系统	系统是由相互关联、相互作用的组成部分（或要素）构成的整体，这些部分共同协作以实现特定的目标或功能。在分析系统时，通常要分析它的输入、处理和输出。
控制系统	1. 控制是指通过某种手段或方法对系统、过程或对象的行为进行调节、引导或管理，使其按照预期的目标或要求运行。 2. 控制包括手动控制、自动控制、智能控制，自动驾驶是一种智能控制系统。 3. 根据输出到输入是否有反馈，控制系统分为开环控制系统和闭环控制系统。小车遥控控制是一个开环控制系统。
自动控制系统	1. 输入（传感器）：传感器负责感知环境或系统的状态，并将这些信息转换为电信号。例如，温度传感器、压力传感器、光线传感器等。 2. 处理（单片机或其他控制器）：单片机等控制器接收传感器的信号，进行计算和逻辑处理，然后生成控制信号。例如，根据温度传感器的读数调整加热或冷却设备。 3. 输出（执行器）：执行器接收控制器的信号并执行相应的动作。例如，电机、电磁阀、LED 灯等。
工程设计过程	产品（模型）设计是一个不断迭代优化的过程。

【学习目标】

1. 通过遥控小车控制系统分析，绘制简单的控制系统框图，形成良好的设计习惯。

2. 经历独立设计小车转向控制方案，组内讨论交流不同转向控制方案，分析、比较不同小车转向控制方案，形成基本的技术设计能力。

3. 经历小车转向控制技术试验，观察、比较不同转向方案的实际转向效果，设计合适的转向控制方案，形成初步的工程思维。

4. 经历遥控小车控制系统设计、运行调试、优化等过程，形成初步的工程意识。

【知识链接】

一、MicroBlocks 开源电子设计平台简介

MicroBlocks 是专为青少年和编程初学者设计的开源电子设计平台，以直观的积

木式编程方式，让硬件控制与编程学习变得简单有趣。无论是控制机器人、设计互动装置，还是探索传感器与电机，用户都能通过拖拽积木块快速实现创意。

实时编程，即时反馈：MicroBlocks 的核心优势在于“实时性”。代码无需编译或下载即可直接运行在硬件上。这种即时互动让学习者能快速验证想法、调试程序，大幅提升学习效率。

并行任务，简化复杂逻辑：平台支持多任务同步运行，例如让机器人“转动电机”与“显示动画”同时执行，无需编写复杂代码。这种设计降低了编程门槛，使逻辑更清晰，也为创意项目提供了更大自由度。

扫描以下二维码获取更多 MicroBlocks 学习资源。

二、ESP32 DevKit V1.0 开发板介绍

ESP32 DevKit V1.0 是一款专为电子爱好者和学习者设计的开源开发板，非常适合中学生入门物联网（IoT）开发。它基于 ESP32 双核 32 位处理器，运算性能强劲且功耗极低，支持 Wi-Fi4 与蓝牙 5.0，可轻松实现设备互联、远程控制或与手机 APP 交互。MicroBlocks 支持 ESP32 DevKit V1.0 编程。

扫描以下二维码获取更多 MicroBlocks+ESP32 的学习资源。

【子项目任务】

【任务一】分析遥控小车控制系统组成

一、学习工具

学习任务单。

二、学习活动

1. 利用平板电脑遥控小车行驶。在平板电脑Edge浏览器中打开小车蓝牙遥控面板网页程序，连接小车上的单片机蓝牙后，通过页面中的“go”“left”“right”“stop”“back”五个按钮，通过蓝牙通信发送指令，控制小车的前进、左转、右转、停止、后退。

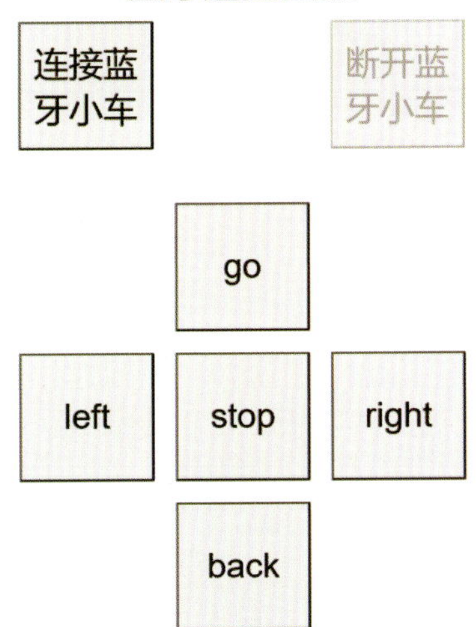

小车蓝牙遥控面板

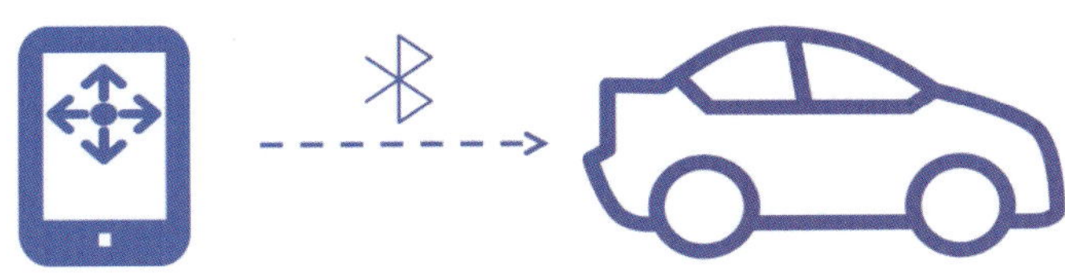

蓝牙遥控小车控制系统示意图

遥控小车控制系统由平板电脑遥控子系统和小车控制子系统组成，每个子系统都由输入、处理、输出三部分组成，请在下面的表格中用简单的方框图画出各个子系统的输入、处理、输出。

三、学习成果

学习任务单。

四、学习评价

评价维度	如果符合请打√
能根据控制需求画出小车控制系统框图	□

【任务二】使用MicroBlocks开源电子设计平台

一、学习工具

1. 学习任务单。

2. 材料：ESP32 Dev Kit 1.0开发板、USB数据线。

3. 工具：电脑、平板电脑、MicroBlocks在线编程IDE。

二、学习活动

1. 给ESP32开发板烧写MicroBlocks固件。

2. 利用引脚分类中的“设置数字引脚”积木控制开发板上蓝色LED的亮和灭。尝试搭建积木实现LED闪烁效果。

3. 利用引脚分类中的“设置引脚”积木控制开发板上蓝色LED亮的程度。尝试搭建积木实现LED呼吸灯效果（循环逐渐变亮再逐渐变暗）。

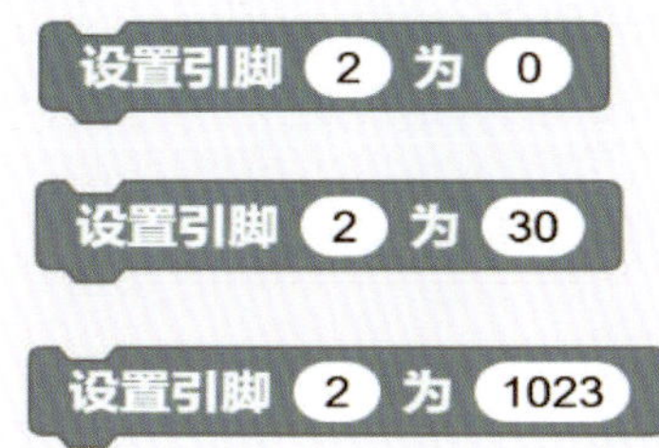

三、学习成果

LED 闪烁控制。

四、学习评价

评价维度	如果符合请打 √
能根据提示给 ESP32 开发板烧写固件	☐
能搭建程序控制 LED 闪烁	☐

【任务三】TT 马达控制

一、学习工具

1. 学习任务单。

2. 材料：ESP32 Dev Kit 1.0开发板1个、USB数据线1根、1：120减速比TT马达（焊接 XH2.54 端子）2 个、二路直流电机驱动模块（焊接 XH2.54mm 插座）1 块、10cm 长 2P 双头同向 XH2.54 端子线 2 根。

3. 工具：电脑、平板电脑、MicroBlocks 在线编程 IDE。

二、学习活动

1. 根据电路连接示意图连接电路。

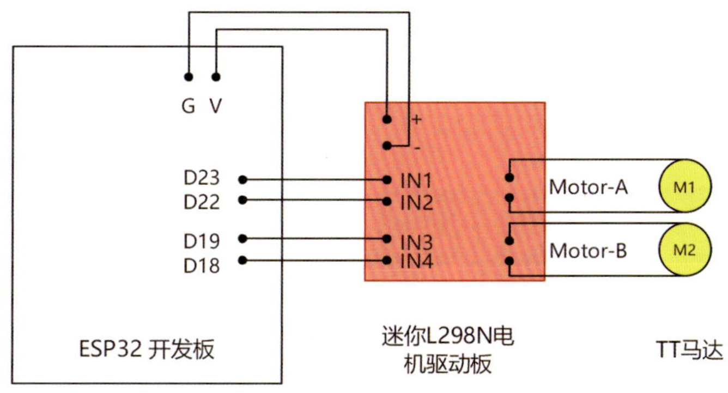

2. 利用引脚分类中的“设置引脚”积木控制 2 个 TT 马达的正转、反转、停止。尝试利用“设置引脚”积木改变 TT 马达的转速。

三、学习成果

能正转、反转、停止的马达。

四、学习评价

评价维度	如果符合请打 √
能根据电路连接示意图正确连接电路。	□
能通过拼接积木控制马达正转、反转、停止。	□
能通过设置积木参数控制马达转速。	□

【任务四】用平板电脑遥控小车直行、停止、后退

一、学习工具

1. 学习任务单。

2. 材料：ESP32 Dev Kit 1.0开发板1个、USB数据线1根、1：120减速比TT马达（焊接 XH2.54 端子）2 个、TT 马达配套轮胎 2 个、二路直流电机驱动模块（焊接 XH2.54mm 插座）1 块、10cm 长 2P 双头同向 XH2.54 端子线 2 根、瓦楞纸小车车身、万向轮 1 个、充电宝 1 个、热熔胶棒。

3. 工具：电脑、平板电脑、MicroBlocks 在线编程 IDE、热熔胶枪。

4. 学习资源：① https://www.sjaiedu.site/aicar/ble/。

二、学习活动

1. 组装小车。

利用热熔胶枪将 TT 马达、万向轮安装在车身的底部；连接好电路。

2. 参考下图搭建遥控小车直行、停止、后退的程序。

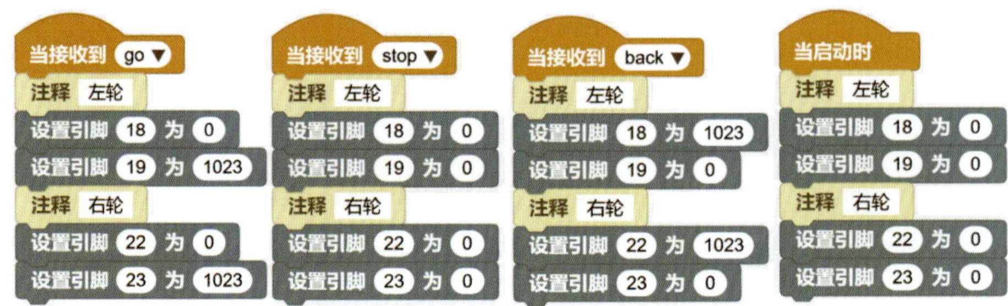

注意：引脚的顺序及设定的数值需要根据自己小车的实际情况进行调整。

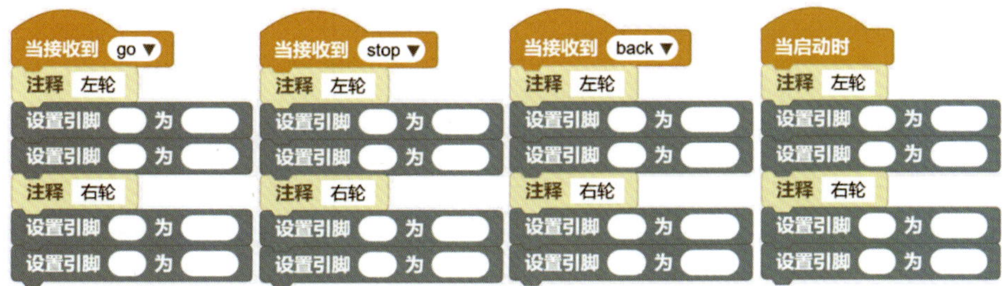

3. 利用平板电脑遥控小车直行、停止、后退。

在平板电脑 Edge 浏览器中打开蓝牙遥控程序页面（学习资源①），连接 ESP32 开发板蓝牙，尝试利用页面中的“go” “left”“right”“stop”“back”五个按钮，控制小车的前进、左转、右转、停止、后退。

三、学习成果

可以通过蓝牙遥控的小车。

四、学习评价

评价维度	如果符合请打√
能根据电路连接示意图正确连接电路。	□
能通过搭建程序实现遥控小车前进、后退、停止控制。	□

【任务五】小车转向控制设计

一、学习工具

1. 学习任务单。

2. 材料：小车。

3. 工具：电脑、平板电脑、MicroBlocks 在线编程 IDE。

二、学习活动

1. 小车转向控制方案设计。

思考小车转向控制的各种可能方案。用箭头方向表示车轮的转动方向，用箭头长短表示转动的快慢，在以下表格中通过草图表示小车转向的控制方案。

转向控制方案 1：	转向控制方案 2：	转向控制方案 3：
L 左轮　R 右轮	L 左轮　R 右轮	L 左轮　R 右轮

2. 组内交流分享，分析、讨论、归纳总结不同的转向控制方案的特点。

归纳小车的转向控制：

3. 搭建程序测试至少三种不同的转向控制方案。

在小车直行、停止、后退遥控程序的基础上增加小车左转、右转的程序，用平板电脑遥控小车在地面行驶，观察转向实际效果，记录观察到的结果

测试方案	积木参数设置	转向半径	转向快慢
L 左轮　R 右轮	注释 左轮 设置引脚 为 设置引脚 为 注释 右轮 设置引脚 为 设置引脚 为		
L 左轮　R 右轮	注释 左轮 设置引脚 为 设置引脚 为 注释 右轮 设置引脚 为 设置引脚 为		
L 左轮　R 右轮	注释 左轮 设置引脚 为 设置引脚 为 注释 右轮 设置引脚 为 设置引脚 为		

4. 交流总结归纳，小车转向控制的规律。

两个轮子的____________越大，小车转向半径越______转向越______；
两个轮子的____________越小，小车转向半径越______转向越______。

三、学习成果

能前进、后退、左转、右转、停止的小车。

四、学习评价

评价维度	如果符合请打√
能设计 2-3 种转向控制方案。	☐
能通过测试归纳总结不同转向控制方案的特点。	☐
能根据需求选择合适的转向控制方案。	☐

【任务六】测试小车在车道上行驶

一、学习工具

1. 学习任务单。

2. 材料：小车、车道。

3. 工具：电脑、平板电脑、MicroBlocks 在线编程 IDE。

二、学习活动

1. 完善小车遥控程序。

选择合适的转向控制方案，完善小车遥控程序。

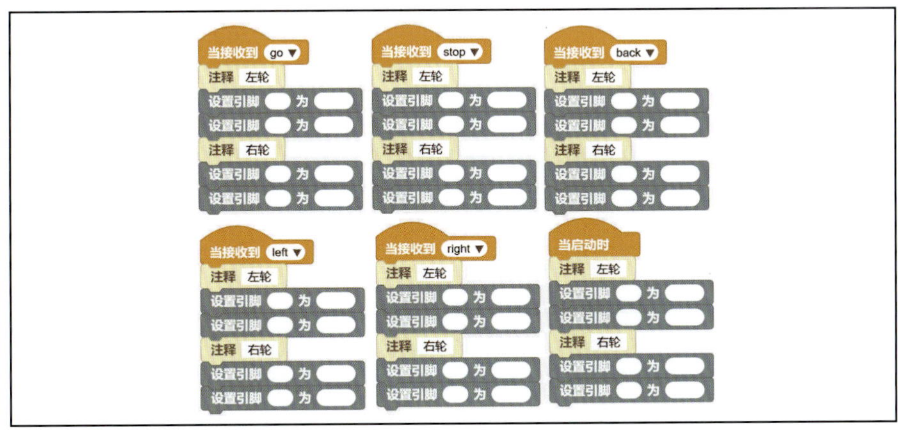

2. 测试小车在车道上行驶。

利用平板电脑遥控小车在不同形状的车道上行驶，记录测试中发现的问题。

3. 优化小车遥控程序。

根据测试中发现的问题，优化小车遥控程序，确保小车行驶时不脱离车道。

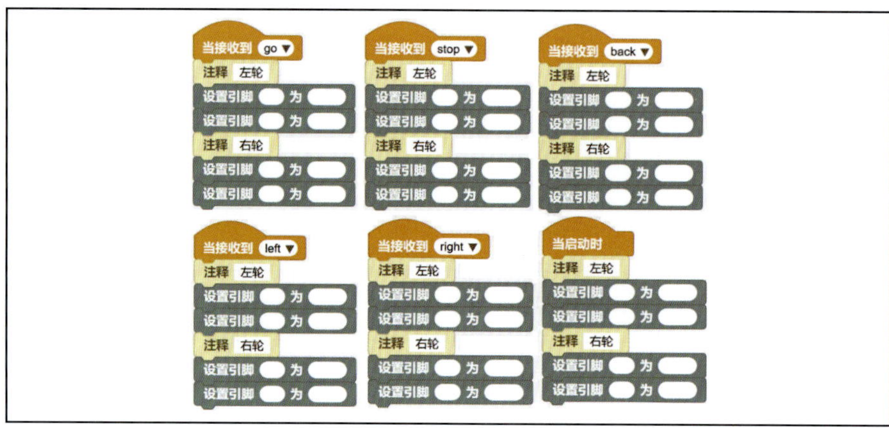

三、学习成果

能够遥控小车沿车道行驶，不脱离车道。

四、学习评价

评价维度	如果符合请打 √
能通过测试不断优化程序。	□
能够遥控小车在不同的车道上行驶，不脱离车道。	□

【子项目评价】

请根据项目实践情况进行自我评价（☆☆☆代表“高手”，☆☆代表“能手”，☆代表“新手”），完成后请同伴或老师进行评价。

评价内容	评价标准	自评	他评
工程思维	☆☆☆能运用系统、控制等原理和系统分析方法，进行小车控制系统设计。能根据现有条件结合项目需求，制定至少两种小车控制系统方案，并进行比较和权衡，选择合适的控制方案。		
	☆☆能运用系统、控制等原理和系统分析方法，进行小车控制系统设计。能根据现有条件结合项目需求，制定一种小车控制系统方案，控制合理，符合小车遥控需求。		
	☆能根据现有条件结合项目需求，制定一种小车控制方案，但方案存在明显的不合理之处。		

续表

物化能力	☆☆☆能在规定时间内，独立完成蓝牙遥控小车模型的制作、装配及测试，且质量符合设计方案要求。		
	☆☆在少量指导和帮助下，能在规定时间内完成蓝牙遥控小车模型的制作、装配及测试。		
	☆没有在规定时间内完成任务，或需要较多指导和帮助才能完成任务。		
合作能力	☆☆☆团队分工明确，每位成员都承担个人责任并认可他人，团队成员相互配合，团队有明确的、共同的目标，项目进展顺利。		
	☆☆团队分工明确，每位成员都能参与项目，共同推进项目，项目按时完成。		
	☆团队分工不明确，少数成员没有积极参与项目，项目未能按时完成。		

子项目五：小车自动驾驶控制系统设计

建议年级：高一 / 高二

建议课时：8 课时

【子项目成果】

<table>
<tr><td>成果名称</td><td colspan="2">具有简单自动驾驶功能的小车模型</td></tr>
<tr><td>成果类型</td><td colspan="2">☑ 实物原型
☐ 方案规划
☐ 表演展示
☐ 思维外化</td></tr>
<tr><td rowspan="6">成果评估</td><td>成果评估标准</td><td>评估指向的知识 / 能力 / 素养</td></tr>
<tr><td>能综合考虑数据、算法、算力、成本等因素分析设计小车自动驾驶控制系统</td><td>运用系统分析的方法识别技术问题，明确制约条件，提出可能的解决方案（工程思维）</td></tr>
<tr><td>能采用合适的控制方法采集小车自动驾驶数据</td><td>根据需求，经历数据采集和预处理过程，体会不同数据对人工智能算法的不同需求（人工智能思维）</td></tr>
<tr><td>能根据小车自动驾驶功能，明确问题类型，选择合适的算法实现小车自动驾驶图像四分类</td><td>分析特定领域的人工智能应用案例，能进行整体规划以及设计，选择合理的算法形成问题解决方案（人工智能思维）</td></tr>
<tr><td>能采用合适的数据样本、合理设置超参数提升模型的准确率</td><td>科学探究的方法</td></tr>
<tr><td>能采用合适的策略测试小车自动驾驶，并通过迭代优化模型完善小车自动驾驶功能</td><td>通过对模型进行技术测试对系统进行不断优化改进（工程思维）</td></tr>
</table>

【关键概念或能力】

1. 要点

跨学科大概念	系统、结构
通用技术核心概念	控制系统
信息技术核心概念	数据、算法

续表

人工智能重要概念	人工智能三要素（数据、算力、算法）、ImageNet 数据集、卷积神经网络、神经网络模型、迁移学习、影响模型准确率的因素、模型评估指标
问题解决的过程与方法	工程设计的一般过程、机器学习解决问题的一般过程、科学探究方法
能力	沟通能力、协作能力

2. 解析

关键概念或能力	解析
人工智能三要素	1. 数据、算法、算力是人工智能的三要素，数据是人工智能的基础，提供了训练和学习所需的资源，数据的质量和数量很重要。算法是处理数据、实现智能决策的核心。算力是计算机执行计算任务的能力，支撑算法的运行，在处理大规模数据和复杂计算时至关重要。这三要素相互依赖、彼此联系，共同促进人工智能的发展。 2. 在运用人工智能解决实际问题时，需综合考虑这三个要素。
控制系统	1. 系统是由相互关联、相互作用的组成部分（或要素）构成的整体，这些部分共同协作以实现特定的目标或功能。一个系统通常由多个子系统构成，各个子系统之间相互依赖、相互作用，并通过协同工作来实现系统的整体功能。 2. 控制是指通过某种手段或方法对系统、过程或对象的行为进行调节、引导或管理，使其按照预期的目标或要求运行。 3. 小车自动驾驶是一种 AI 智能控制系统，多个子系统相互协作才能实现小车的自动驾驶，每个控制系统都由输入、处理、输出三部分组成。 4. 设计小车自动驾驶控制系统时，需要根据限制条件综合考虑数据、算法、算力三要素，选择合适的技术方案。
数据集	1. 小车自动驾驶数据采集控制系统包括：①平板电脑采集图像子系统②小车控制子系统③遥控小车平板电脑子系统④指令传递子系统。 2. 人工移动小车采集图像样本数据集需要①，这种方式效率低；遥控小车行驶中采集图像需要①+②+③+④协作，这种方式效率高，两种方式可以配合使用。 3. 采集的图像样本数据需要分类，分类名称叫标签，每一分类样本数不能过少。如果采用迁移学习，可以使用少量数据样本；如果从零开始训练模型，需要较多数据样本。

续表

卷积神经网络、ImageNet 数据集、MobileNet 预训练模型、迁移学习、K 近邻算法、神经网络模型	1. 卷积神经网络（Convolutional Neural Network，简称 CNN）是一种深度神经网络，其核心思想是通过卷积操作提取图像中的局部特征，并通过池化操作降低数据的维度，从而减少计算量并增强模型的泛化能力。相比于传统的神经网络，CNN 能够更好地捕捉图像中的空间信息。 2. ImageNet 数据集通常是指大规模视觉识别挑战赛 LSVRC 2012 比赛用的子数据集，也称 ImagNet 1K，它有约 130 万张图片样本，共有 1000 分类。ImageNet 数据集是计算机视觉领域最重要的基准数据集之一，广泛应用于图像分类、目标检测等任务。 3. MobileNet 是一个适合移动端的视觉应用高效模型，它在延迟度和准确度之间有效地进行平衡。MobileNet 预训练模型是基于 ImageNet 数据集训练生成的。 4. 迁移学习是一种机器学习方法，它利用在一个任务上学到的知识来帮助解决另一个相关但不同的任务。迁移学习特别适用于数据不足、计算资源有限但目标任务与源任务相似的场景。 5. K 近邻算法（K-Nearest Neighbors）是一种简单但非常有效的机器学习算法。其核心思想是“物以类聚”，也就是说，一个样本的类别或数值可以通过它周围最近的 K 个邻居的类别或数值来决定，KNN 常用于分类和回归问题。KNN 算法的步骤：（1）选择 K 值，K 是一个正整数，表示你要考虑多少个邻居。K 值的选择会影响算法的结果。（2）计算距离：计算新样本与所有已知样本之间的距离。常用的距离度量方法有欧氏距离。（3）找到 K 个最近邻居：根据计算出的距离，找到离新样本最近的 K 个样本。（4）投票或平均。 6. 神经网络基于数据训练学习后，其参数和权重也就固定了，此时称其为神经网络模型。训练模型的过程就是调整神经网络参数和权重的过程。
神经网络结构与功能	神经网络的结构（即其算法设计）不同，其功能也不同，对数据和算力的要求也不同。（1）结构决定功能，不同的神经网络结构适用于不同的任务。（2）不同神经网络的结构对数据的要求不同，通常深度神经网络结构需要大量标注数据才能有效训练，而浅层神经网络可能在数据量较少的情况下也能表现良好。（3）不同神经网络的结构对数据的要求不同，对算力的要求也不同：深度神经网络通常需要更多的计算资源（如 GPU）来进行训练和推理，而简单的网络结构则可以在较低的计算资源下运行。

续表

影响模型准确率的因素、科学探究模型准确率的方法、模质量的评估	1. 验证集分割比例（Validation Split）、训练轮数（Epoch）、学习率（Learning Rate）、批量大小（Batch Size）、数据集质量、神经网络结构都会影响模型的准确率。 2. 可以采用控制变量法探究影响模型准确率的因素。 3. 评估模型质量的指标通常包括：（1）训练集损失函数 Loss（2）验证集损失函数 Val Loss（3）训练集准确率 Accuracy（4）验证集准确率 Val Accuracy。通常损失函数值越小，模型表现越好。训练集准确率和验证集准确率越接近且越接近 100%，模型泛化能力越好。
工程设计过程、机器学习解决问题的一般过程	1. 产品（模型）设计是一个不断迭代优化的过程。 2. 机器学习解决实际问题的一般过程主要包括（1）明确问题（2）采集数据（3）搭建模型（4）训练模型（5）测试模型（6）优化模型，这也是一个不断迭代优化的过程。

【学习目标】

1. 结合自动驾驶小车解决方案及控制系统分析，理解数据、算法、算力之间的相互依赖、相互促进作用，发展系统思维能力。

2. 经历利用平板电脑人工移动小车采集图像数据以及遥控小车行驶中采集图像样本数据的过程，掌握采集图像数据的方法。比较两种图像数据采集的方法，认识数据采集的重要性，形成初步的工程思维。

3. 通过小车采集图像数据控制系统及自动驾驶控制设计，绘制简单的控制系统框图，形成良好的设计习惯，增强物化能力。

4. 体验 MobileNet 相关应用程序，了解 ImageNet 数据集以及 MobileNet 模型的特点、神经网络结构、模型使用场景；利用 MobileNet 预训练模型结合 KNN 算法或 MLP 算法实现小车的自动驾驶，理解迁移学习，发展人工智能思维。

5. 通过 AI 大语言模型搭建简单小车自动驾驶图像四分类 CNN；通过控制变量法训练模型探究影响模型准确率的因素，理解评估模型质量的指标；比较自动驾驶小车不同的实现方式，发展工程思维和人工智能思维。

6. 经历小车自动驾驶测试、优化过程，理解运用人工智能解决实际问题是一个不断迭代优化的过程，发展工程思维及人工智能思维。

【知识链接】

前面我们已经知道，可以借助卷积神经网络（CNN）来解决小车自动驾驶中的图像四分类问题。在运用卷积神经网络（CNN）解决实际问题时，有两种技术路线，一种技术路线是自己搭建一个卷积神经网络（CNN），然后基于数据训练模型，这种方法要求有较多的数据，对于图像四分类而言，建议有 2000 张以上图像数据，每个分类建议有 300 张以上图像数据。另一种技术路线是在已有预训练模型的基础上进行迁移学习，这种方法对数据量要求较少。考虑到模型最终需要部署在移动端，平板电脑或智能手机算力有限，因此，不管采用哪一种技术路线，模型都要求轻量化，适合边缘计算。在小车自动驾驶项目中，先使用迁移学习实现小车自动驾驶，再自行搭建 CNN 从零开始训练一个模型实现小车自动驾驶。请扫描以下二维码学习迁移学习的相关知识。

【利用 MobileNet+KNN 实现小车自动驾驶】

可以基于 MobileNet 预训练模型结合 KNN 算法实现小车的自动驾驶，这种方法对数据量的要求较少，对于简单的车道，一般来说采集几十张图像样本，就可以实现小车的自动驾驶。这种方式也是迁移学习的一种。

一、MobileNet 识别结果分析

MobileNet 是一个开箱即用的预训练模型，基于数百万张图片的 ImageNet-1K 数据集训练而成，可识别 1000 种物体类别（如猫、狗、水果等）。

在浏览器中，利用 Mobilenet_v1_0.25_224 模型对以上面这张狗的图片进行分类识别，推理结果如下表所示（仅显示 Top5）：

名称	概率	ImageNet 分类 ID
边境梗	28.01%	182
迷你雪纳瑞犬	12.96%	196
约克郡梗	10.45%	187
诺福克梗	9.88%	185
艾尔谷犬	7.61%	191

通过图像可直观展示 1000 个类别的概率分布，横轴对应 ImageNet 1000 类别 ID（如“边境梗” 或 “迷你雪纳瑞犬”），纵轴表示对应类别的概率：

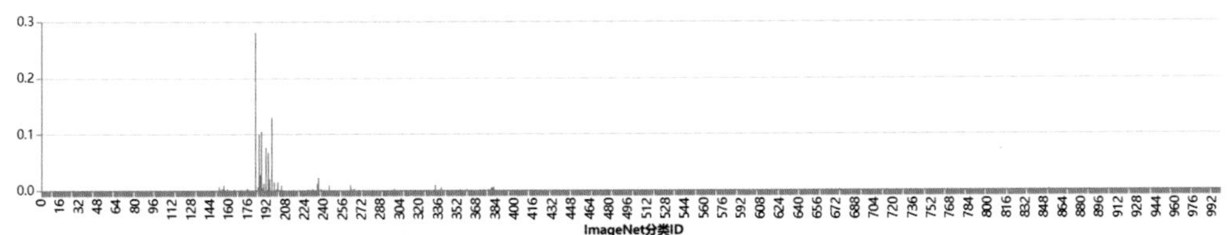

神经网络模型通常由多层堆叠而成，这些层的作用是对带参数的张量进行数学运算，而这些张量的参数是通过训练过程自动调整，每一层输出的数据称为“激活值”。

在 MobileNet 模型中，最后一层是一个全连接层，它输出一个未归一化的预测向量。然后，softmax 函数将未归一化的预测向量转换为概率分布，生成 1000 个类别的概率（也就是将输入的 1000 个数值调整到 0-1 之间，同时保证这 1000 个输出值的总和为 1）。

模型最后一层输出的未归一化的预测向量通常称为逻辑值（logits）。在迁移学习中，通常使用中间层的激活值（例如倒数第二层的输出），而不是最后一层的逻辑值。逻辑值是一个包含 1000 个元素的向量。在 TensorFlow.js 中，该数据结构表示为形状为 [1000] 的张量，其中每个元素对应 ImageNet 中某个类别的预测值：

$$[l_0\ l_1\ l_3 \dots l_{999}]$$

Mobilenet_v1_0.25_224 对上面狗图片推理的逻辑值（logits）分布图如下。

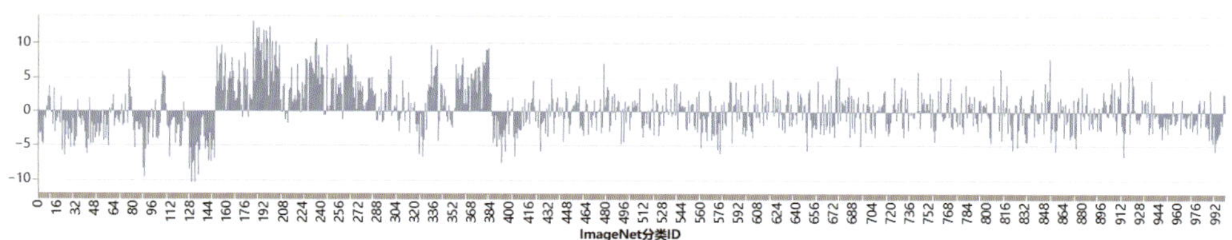

仔细观察柱状图可以发现，逻辑值（logits）并未经过标准化处理（数值取值范围大约在 15 至 -15 之间），索引 182（对应边境梗）的峰值与上图图表中的 softmax 概率分布一致。

可以将通过 MobileNet 模型推理生成的逻辑值（logits）视为图像的“语义指纹”，它唯一地表征了图像的视觉特征。

注意到通过可视化逻辑值的柱状图，可以观察到语义相似的图像具有相似的逻辑值（logits）激活分布。更为方便的是，ImageNet 中的类别是按超类别组织的。例如，许多狗品种的类别索引集中在 150 到 280 之间，而水果的类别索引则分布在 900 以上。这种结构化分布使得即使不依赖概率转换，仅通过逻辑值（logits）的空间分布模式即可判断图像语义内容。

请观察 Mobilenet_v1_0.25_224 推理狗图像的逻辑值（logits）分布柱状图。

狗 1	狗 2	狗 3

狗 1 的逻辑值分布柱状图

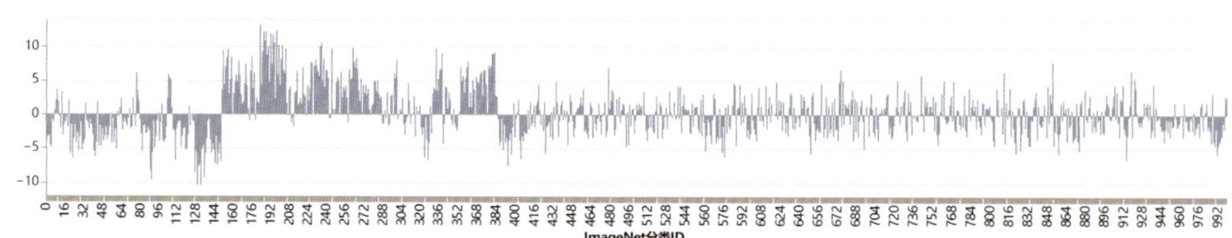

狗 2 的逻辑值分布柱状图

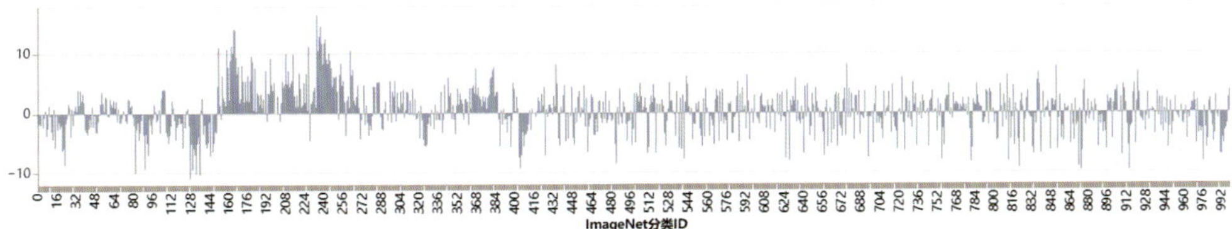

狗 3 的逻辑值分布柱状图

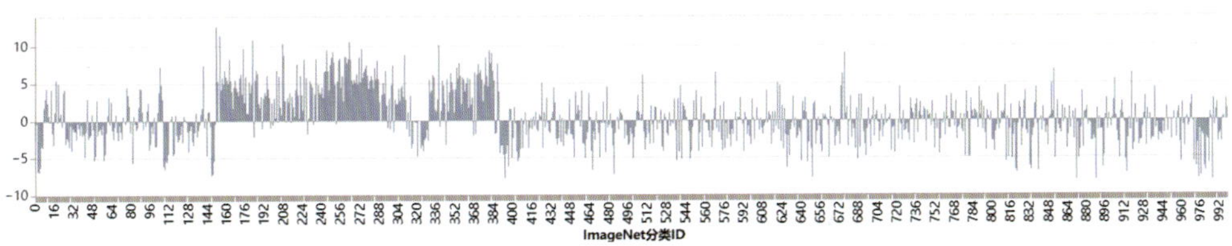

观察 Mobilenet_v1_0.25_224 推理水果的逻辑值（logits）分布柱状图。

橙子 1　　苹果　　橙子 2

橙子 1 的逻辑值分布柱状图

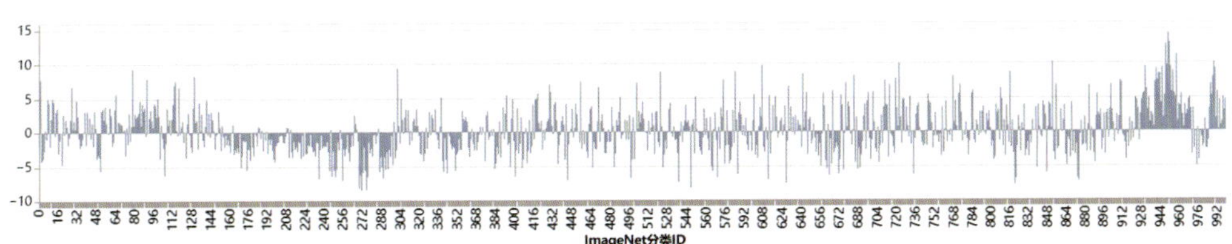

苹果的逻辑值分布柱状图

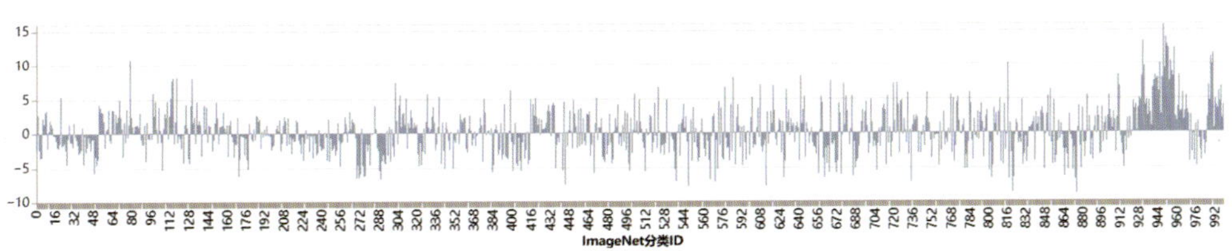

橙子 2 逻辑值分布柱状图

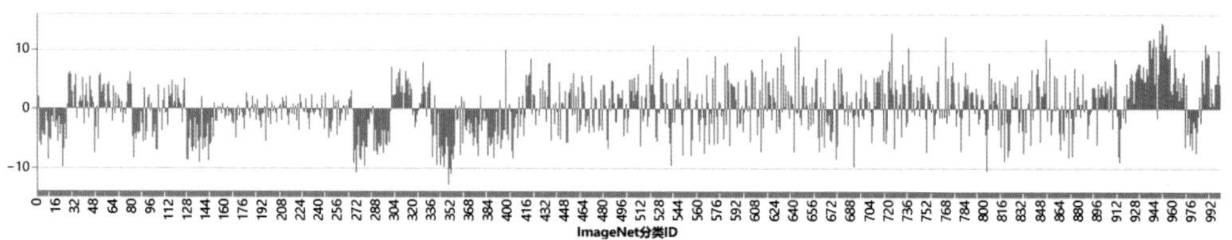

二、k 近邻算法

要通过平板电脑摄像头来识别不同类别物体的图像，流程是先给每个类别采集若干张图像，然后将新图像与已采集的图像数据集进行比较，并找到最相似的类别。

使用 k 近邻算法（k-nearest neighbors）从采集的数据集中找到相似的图像。利用MobileNet模型输出的逻辑值(logits)所代表的语义指纹来进行比较。在近邻算法中，查找与待预测输入最相似的样本，然后选择在这个数据集中占比最高的类别。

用一个可视化的例子来加以解释，用手机或平板电脑 Edge 浏览器扫描以下二维码打开 KNN 算法可视化网页程序（https://www.sjaiedu.site/aicar/knnvis/）。

可以看到二维平面上有一组“蓝色”或“红色”或“黄色”的数据点，如果想确定一个新的数据点应该属于哪一类。在网页程序中，将鼠标在二维平面区域点击左键。鼠标点击的位置代表要分类的新点，对于平面中的每个数据点，计算鼠标位置与每个点之间的欧几里得距离。然后，根据所有数据点与新数据点的距离由近到远进行排序，并选择距离最近的 k（k=3）个排序距离中代表性最强的类别（颜色），如下图所示，新数据点与两个黄点及 1 个蓝点的距离最近，所以新数据点分类属于黄色。

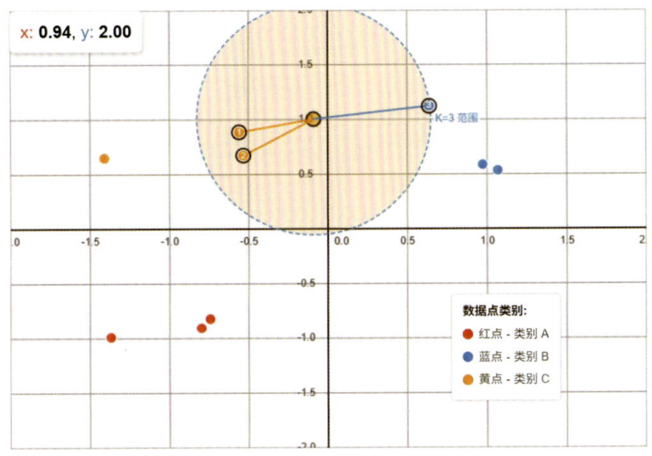

在 MobileNet+KNN 应用中，使用了一种略有不同的方法来测量两个向量的相似度，即余弦相似度，而不是欧氏距离。余弦相似度之所以方便，是因为它可以利用希望计算相似度的两个向量之间的点积运算。点积运算的优势在于它比欧氏距离更容易加速，尤其是在高维情况下。此外，余弦相似度可以用两个向量（V， W）之间的角度的余弦值来直观地解释。

$$\mathrm{V}\cdot\mathrm{W}=\|\mathrm{V}\|\|\mathrm{W}\|\cos\theta$$

如果 $\|\mathrm{V}\|=\|\mathrm{W}\|=1$ 那么 $\mathrm{V}\cdot\mathrm{W}=\cos\theta$

从以上表达式中可以看出，如果将所有逻辑值向量归一化为单位长度 1，那么就可以通过计算点积运算来计算相似度。

三、利用 MobileNet 和 KNN 算法实现分类识别

分类识别应用将分为两个阶段：数据收集和预测。在示例中，使用 3 个类别：“a”“b ”和 “c”，但这种算法也适用于任意数量的类别。

1. 数据采集

使用 3 个类别，分别是“a”、“b”和“c”，但该算法适用于任意数量的类别。对于 3 个类别中的每个类别，创建一个形状为 [N， 1000] 的矩阵，其中 N 是为该类别采集的样本数。当为某个类别采集新图像时，会将其输入 MobileNet 模型以获取 logits 激活值输出，将其归一化为单位长度，然后将其添加到矩阵的末尾，形成新的一行：

为了将向量归一化为单位长度，将向量的每个分量除以其模长（向量的长度）。

$$u=\frac{v}{\|v\|}$$

下面的矩阵表示 a 分类的数据集，其中采集了 N_a 个样本。

$$\begin{bmatrix} a_{1,1} & a_{1,2} & a_{1,3} & \cdots & a_{1,1000} \\ a_{2,1} & a_{2,2} & a_{2,3} & \cdots & a_{2,1000} \\ \vdots & \vdots & \vdots & \ddots & \vdots \\ a_{N_a,1} & a_{N_a,2} & a_{N_a,3} & \cdots & a_{N_a,1000} \end{bmatrix}$$

有了 logits 激活值组成的矩阵，就可以使用矩阵乘法计算该类中所有点与新输入样本之间的点积。然后将三个分类数据集矩阵堆叠成一个矩阵，这样既方便又高效。

$$\begin{bmatrix} a_{1,1} & a_{1,2} & a_{1,3} & \cdots & a_{1,1000} \\ a_{2,1} & a_{2,2} & a_{2,3} & \cdots & a_{2,1000} \\ \vdots & \vdots & \vdots & \ddots & \vdots \\ b_{1,1} & b_{1,2} & b_{1,3} & \cdots & b_{1,1000} \\ b_{2,1} & b_{2,2} & b_{2,3} & \cdots & b_{2,1000} \\ \vdots & \vdots & \vdots & \ddots & \vdots \\ c_{1,1} & c_{1,2} & c_{1,3} & \cdots & c_{1,1000} \\ c_{2,1} & c_{2,2} & c_{2,3} & \cdots & c_{2,1000} \\ \vdots & \vdots & \vdots & \ddots & \vdots \end{bmatrix}$$

2. 推理预测

在进行预测时，将新图像输入给 MobileNet 模型，以获得 logits 向量，然后对其进行归一化处理。这样就得到了一个形状为 [1000] 的向量 x，把它显示为列向量 x。

$$x = \begin{bmatrix} x_1 \\ x_2 \\ x_3 \\ \vdots \\ x_{1000} \end{bmatrix}$$

现在，使用矩阵乘法计算数据集中每一行向量与输入向量之间的点积。

$$
\begin{bmatrix}
a_{1,1} & a_{1,2} & a_{1,3} & \cdots & a_{1,1000} \\
a_{2,1} & a_{2,2} & a_{2,3} & \cdots & a_{2,1000} \\
\vdots & \vdots & \vdots & \ddots & \vdots \\
b_{1,1} & b_{1,2} & b_{1,3} & \cdots & b_{1,1000} \\
b_{2,1} & b_{2,2} & b_{2,3} & \cdots & b_{2,1000} \\
\vdots & \vdots & \vdots & \ddots & \vdots \\
c_{1,1} & c_{1,2} & c_{1,3} & \cdots & c_{1,1000} \\
c_{2,1} & c_{2,2} & c_{2,3} & \cdots & c_{2,1000} \\
\vdots & \vdots & \vdots & \ddots & \vdots
\end{bmatrix}
\times
\begin{bmatrix}
x_1 \\ x_2 \\ x_3 \\ \vdots \\ x_{1000}
\end{bmatrix}
=
\begin{bmatrix}
\sum_{i=1}^{1000} a_{1,i} \cdot x_i \\
\sum_{i=1}^{1000} a_{2,i} \cdot x_i \\
\sum_{i=1}^{1000} a_{3,i} \cdot x_i \\
\vdots \\
\sum_{i=1}^{1000} b_{1,i} \cdot x_i \\
\sum_{i=1}^{1000} b_{2,i} \cdot x_i \\
\sum_{i=1}^{1000} b_{3,i} \cdot x_i \\
\vdots \\
\sum_{i=1}^{1000} c_{1,i} \cdot x_i \\
\sum_{i=1}^{1000} c_{2,i} \cdot x_i \\
\sum_{i=1}^{1000} c_{3,i} \cdot x_i \\
\vdots
\end{bmatrix}
$$

在等式右侧，每一行求和项表示第 n 行数据集与 x 的点积。

请注意，结果的每一行都是样本数据集矩阵的每一行与 x 的点积。这意味着得到了所有样本数据集与新数据之间的余弦相似度！

现在，要做的就是对得到的相似度向量从高到低排序，截取前 k 个最高值，然后选择出现在最近邻域中最多的类别就是新数据所属的类别。

3.K 的取值

既然最终分类结果与 k 取值有关，那么 k 如何取值呢？

在 MobileNet + KNN 分类器中，k 值的选择通常需要根据具体应用场景和数据特点来确定，但一般有以下建议：

k=3 或者 k=5 是比较常见的选择；对于小型数据集，k=3 是一个不错的起点；对于较大数据集，可以考虑使用 k=5 或更大。值过小（如 k=1），容易过拟合，对噪声敏感；k 值过大，会使分类边界更平滑，但可能丢失一些局部特征；k 值应该是奇数，避免投票平局的情况；值不应超过每个类别的样本数。

在 MobileNet + KNN 自动驾驶小车项目中，k 的默认值取 3，一般都能够获得不错的效果。如果分类效果不理想，可以尝试调整 k 值，但通常增加训练样本数量比调整 k 值更有效。

四、总结

通过 MobileNet 预训练模型和 k 近邻算法，可以用极少量数据快速构建实用的分类器。使用 MobileNet 的预训练模型作为基础模型，对 MobileNet 从未见过的新类别进行预测，具体方法是通过该预训练模型生成的激活值（可理解为模型学习到的图像高层语义特征）。具体流程是：将图像输入 MobileNet 模型后，在数据集中查找具有相似激活值的样本。为降低噪声影响，选择 k 个最近邻样本，并选取其中占比最高的类别作为预测结果。

【利用 MobileNet+MLP 实现小车自动驾驶】

采用 MobileNet+KNN 迁移学习方式对采集的样本数据量要求不大，一般情况每个分类十几个样本就可以实现简单的自动驾驶。因此，采用这种方式可以在较短的时间内实现小车的自动驾驶。但是，这种算法也有缺陷，当车道场景比较复杂，这种方式实现小车自动驾驶的效果就较差。

这里介绍另一种迁移学习方式来实现小车的自动驾驶，基于 MobileNet 截断结合多层感知机（Multilayer Perceptron, MLP）来实现小车的自动驾驶。相比于 MobileNet+KNN 迁移学习方式，需要采集更多的数据样本，并训练模型，这种方式具有更好的场景适应性。

一、多层感知机 MLP

多层感知机（Multilayer Perceptron，MLP）是仅仅由全连接层（Dense Layer）堆叠而成的神经网络，通常包含一个输入层、一个或多个隐藏层以及一个输出层。它每一层的神经元与相邻层的神经元全连接，使用非线性激活函数（如 ReLU、Sigmoid 或 Tanh）来引入非线性能力。多层感知机主要用于分类和回归任务。

二、卷积神经网络 CNN

卷积神经网络（Convolutional Neural Networks, CNN）是一种专门用于处理图像的深度学习模型。CNN 的核心是卷积层，卷积层就像一个小型探测器，可以自动从图像中提取有用的特征。卷积层（Convolutional Layer）通过使用“卷积核”（或滤波器）在图像上滑动，扫描图像的局部区域，对图像的每个小区域进行加权求和（访问 https://www.sjaiedu.site/aicar/imagekernels/ 可以帮助你理解卷积运算），捕捉边缘、纹理、形状等细节信息。例如，第一层卷积层可能检测到图像的简单线条，而更深层的卷积层可以识别出更复杂的图案，比如眼睛、耳朵，甚至是完整的物体。除了卷积层，卷积神经网络还包括池化层和全连接层池化层（Pooling Layer）。池化层的作用是缩小图像的尺寸，同时保留重要的特征，增强模型的稳定性。全连接层则负责将提取到的特征整合起来，完成最终的分类或预测任务。这种结构使得 CNN 在图像处理任务中表现出色。

由于卷积神经网络能够自动学习图像的空间结构并提取有效特征，因此它被广泛用于图像分类、目标检测、图像分割等任务，比如识别照片中的猫狗、检测自动驾驶中的行人等。与传统的神经网络相比，CNN 更适合处理图像这样的高维数据，因为它更高效，也更强大。

三、MobileNet 模型

MobileNet 是一种轻量级卷积神经网络，专门为手机、平板电脑等移动设备设计，即使在计算能力不太强的设备上也能高效运行。

MobileNet 有 V1、V2、V3 这几个主要版本，这些版本在模型结构上有重要改进，每个版本都通过优化网络设计来平衡速度、功耗和识别准确率。MobileNet 的主要版本都使用“宽度因子”和“分辨率因子”这两个调节参数，通过调整这两个参数，可以灵活控制模型的计算复杂度和识别精度。以下是 Tensorflow.js 版本的四个常见不同宽度 MobileNet V1 模型比较。

模型版本	分辨率因子	宽度因子	总参数量	模型文件大小
MobileNet V1	224	0.25	475,544	约 1.9 MB
MobileNet V1	224	0.50	1,342,536	约 5.4 MB
MobileNet V1	224	0.75	2,601,976	约 9.9 MB
MobileNet V1	224	1.0	4,253,864	约 16.9 MB

需要注意的是 Tensorflow.js 版本的 MobileNet 模型文件并不是一个单独的文件，而是由模型结构文件和模型权重文件构成的。以 Mobilenet_v1_0.25_224 模型文件为例，包括 1 个 json 文件和 55 个权重文件。

Mobilenet_v1_0.25_224 模型文件下载网址如下：

https://storage.googleapis.com/tfjs-models/tfjs/mobilenet_v1_0.25_224/model.json

https://storage.googleapis.com/tfjs-models/tfjs/mobilenet_v1_0.25_224/group1-shard1of1

https://storage.googleapis.com/tfjs-models/tfjs/mobilenet_v1_0.25_224/group2-shard1of1

……

https://storage.googleapis.com/tfjs-models/tfjs/mobilenet_v1_0.25_224/group55-shard1of1

Mobilenet_v1_1.0_224 模型文件下载网址则如下：

https://storage.googleapis.com/tfjs-models/tfjs/mobilenet_v1_1.0_224/model.json

https://storage.googleapis.com/tfjs-models/tfjs/mobilenet_v1_1.0_224/group1-shard1of1

https://storage.googleapis.com/tfjs-models/tfjs/mobilenet_v1_1.0_224/group2-shard1of1

……

https://storage.googleapis.com/tfjs-models/tfjs/mobilenet_v1_1.0_224/group55-shard1of1

模型文件结构说明：

```
├── model.json          # 模型结构定义文件
└── group1-shard1       # 权重数据分片文件（二进制权重）
└── group2-shard1       # 权重数据分片文件（二进制权重）
……
└── group55-shard1      # 权重数据分片文件（二进制权重）
```

打开 MobileNet 拍照识物程序（https://www.sjaiedu.site/aicar/mobilenet/），在页面的下方可以看到模型的结构信息。

如下图所示，MobileNet_v1_0.25_224 模型是由许多层（Layer）堆叠而成的。每一层的描述分为四列：

第 1 列：该层的类型（如输入层、卷积层等）。

第 2 列：该层输入数据的形状。

第 3 列：该层输出数据的形状。

第 4 列：该层的参数数量（即需要训练的参数个数）。

具体解释如下：

第一层是输入层，即 input_1 (Input Layer)，[null,224,224,3] 表示该层输入数据是长宽为 224x224 像素、3 通道的彩色图像数据，null 表示批量大小（batch size），具体值在训练或推理时确定；该层输出数据的形状也是 [null, 224, 224, 3]，表示输入层不改变数据的形状，输出与输入一致；0 表示该层没有需要训练的参数。

第二层 conv1 (Conv2D) 是一个卷积层，上一层的输出 [null,224,224,3] 就是该层的输入。该层输出的形状为 [null,112,112,8]，表示经过卷积操作后，输出的特征图尺寸为 112x112，通道数为 8。216 表示该层有 216 个参数需要训练。

Layer (type)	Input Shape	Output shape	Param #
input_1 (InputLayer)	[[null,224,224,3]]	[null,224,224,3]	0
conv1 (Conv2D)	[[null,224,224,3]]	[null,112,112,8]	216
conv1_bn (BatchNormalizatio	[[null,112,112,8]]	[null,112,112,8]	32
conv1_relu (Activation)	[[null,112,112,8]]	[null,112,112,8]	0
conv_dw_1 (DepthwiseConv2D)	[[null,112,112,8]]	[null,112,112,8]	72
conv_dw_1_bn (BatchNormaliz	[[null,112,112,8]]	[null,112,112,8]	32
conv_dw_1_relu (Activation)	[[null,112,112,8]]	[null,112,112,8]	0

……

Layer (type)	Input Shape	Output shape	Param #
conv_pw_13_relu (Activation	[[null,7,7,256]]	[null,7,7,256]	0
global_average_pooling2d_1	[[null,7,7,256]]	[null,256]	0
reshape_1 (Reshape)	[[null,256]]	[null,1,1,256]	0
dropout (Dropout)	[[null,1,1,256]]	[null,1,1,256]	0
conv_preds (Conv2D)	[[null,1,1,256]]	[null,1,1,1000]	257000
act_softmax (Activation)	[[null,1,1,1000]]	[null,1,1,1000]	0
reshape_2 (Reshape)	[[null,1,1,1000]]	[null,1000]	0

Total params: 475544
Trainable params: 470072
Non-trainable params: 5472

最后一层是 reshape_2(Reshape) 层，它将输入形状为 [null,1,1,1000] 的张量转换为形状为 [null,1000] 的张量，其中 null 是批量大小（batch size），在实际训练或推理时会被具体的数值取代，其中 1000 对应于 ImageNet 分类任务中的 1000 个类别，每个维度的值对应该类别的概率。

仔细观察 MobileNet_v1_0.25_224 模型结构，可以发现中间有许多以 conv_ 开始的层，这些层属于卷积层，它们的作用是提取图像的特征。

四、MobileNet 截断 +MLP 迁移学习

由于 MobileNet 预训练模型是基于 1000 种物体，上百万图像数据的基础上训练生成的，它非常善于从图像中提取图像的特征。

如果把拍照识物应用程序看成一个控制系统的话，它的输入是 224*224*3 的彩色图像，它的处理是 MobileNet 模型，它的输出是 1000 种物体分类概率。

自动驾驶小车是要实现图像的四分类，要解决的问题与拍照识物应用其实是类似的，都是图像分类识别。但是不能直接利用 MobileNet 预训练模型来进行小车图像的四分类，因为它输出是 1000 种物体分类。可以对 MobileNet 预训练模型进行裁剪得到 MobileNet 截断，利用 MobileNet 截断提取图像的特征图，然后将其作为多层感知机（Multilayer Perceptron，MLP）的输入，让 MLP 输出四分类。

1. MobileNet 截断

从前面的 Mobilenet_v1_0.25_224 模型结构图可以看到，模型最后 6 层的主要作用是进行 1000 种物体分类，这里希望它提取图像特征，而不是输出 1000 种物体分类结果，因此将 Mobilenet_v1_0.25_224 模型最后 6 层去除。下面的代码显示了具体操作方法：

```
    //1. 加载 MobileNet 模型
    const modelUrl = 'https://storage.googleapis.com/tfjs-models/tfjs/
mobilenet_v1_0.25_224/model.json'
    const mobilenet = await tf.loadLayersModel(modelUrl);
    //2. 对 MobileNet 进行截断，只保留从输入层到 'conv_pw_13_relu' 这一中间层。
    const truncatedMobileNet = tf.model({
        inputs: mobilenet.inputs,
        outputs: mobilenet.getLayer('conv_pw_13_relu').output
    });
```

首先加载 Mobilenet_v1_0.25_224 模型；然后对 MobileNet 模型进行截断，只保留从输入层到“conv_pw_13_relu”这一中间层。

截断后的 MobileNet 是一个图像特征提取器，输出的是 7*7*256 通道的特征图，不再是 1000 种物体分类结果。

2. 搭建多层感知机 MLP

搭建一个新的多层感知机，用 MobileNet 截断输出的 7*7*256 通道的特征图，作为新神经网络输入层的输入；中间是隐藏层，最后的输出层输出的是图像 4 分类名称及它们的概率。

```
    model = tf.sequential();// 定义一个空的序列模型
    model.add(tf.layers.flatten({ inputShape: [7, 7, 256] }));// 输入层输入是
[7, 7, 256] 特征图
    model.add(tf.layers.dense({ units: 50, activation: 'relu' })); // 隐藏层
    model.add(tf.layers.dense({ units: 4, activation: 'softmax' }));// 输出层
```

这样，就把 MobileNet 预训练模型图像识别的能力，用在了自动驾驶小车图像四分类识别任务上。

由于 MobileNet 能够很好地从图像种提取特征，因此，不需要采集大量的图像数据；这个三层神经网络结构并不复杂，因此可以在普通电脑的 Edge 浏览器中训练模型。

五、小车自动驾驶实现原理

至此，小车自动驾驶实现原理已经很清晰了，通过平板电脑摄像头采集一定量小车行驶的图像数据，在 MobileNet 预训练模型基础上，利用迁移学习基于采集的数据训练，生成新的神经网络模型；利用 MobileNet 截断和这个新模型对小车摄像头实时拍摄的图像进行推理，预测小车行驶的动作指令，通过蓝牙通信将指令发送给单片机，进而实现小车自动驾驶。

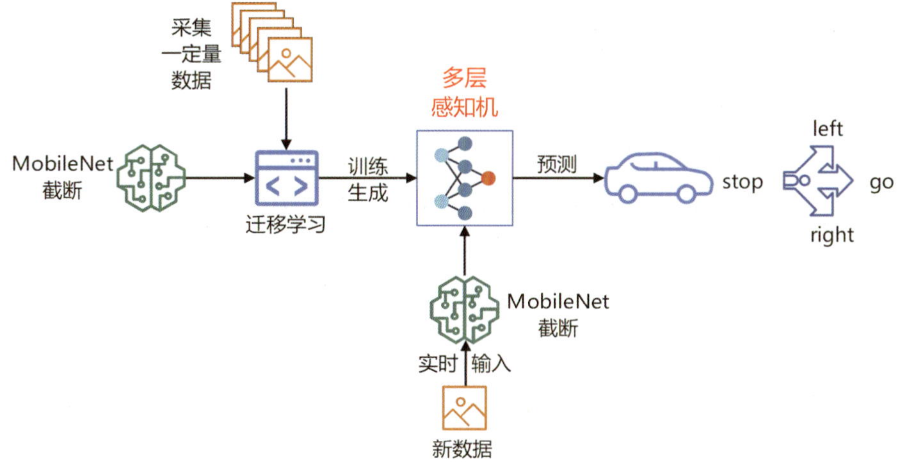

需要注意的是，在推理的时候仍然需要加载MobileNet预训练模型提取图像特征。也就是说在推理时，页面需要加载两个模型，一个是MobileNet预训练模型，另一个是多层感知机训练生成的模型。

【神经网络模型训练超参数及评估指标】

在神经网络模型训练中，理解以下参数的作用将有助于把控训练过程的各项细节。这些参数可分为超参数（人工设定）和评估指标（自动计算）两大类别.

一、超参数（Hyperparameters）

1. 验证集分割比例 (Validation Split)

数据集通常分为训练集、验证集，验证集比例指验证集的数据量占整个数据集的百分比。

2. 训练轮数 Epoch

训练轮数Epoch指在训练模型时，模型完整地学习一遍所有训练数据的次数。

3. 学习率 Learning Rate

学习率Learning Rate指模型在每次更新参数时，调整的步伐大小。它决定了模型学习的速度

4. 批量大小 Batch Size

批量大小Batch Size指在每次更新模型参数时，使用的训练数据的数量。

二、评估指标（Evaluation Metrics）

1. 训练集损失函数 Loss

训练集损失函数用来衡量模型在训练数据上的表现好坏的指标。损失值越小，模型表现越好。

2. 验证集损失函数 Val Loss

验证集损失函数用来衡量模型在验证数据上的表现好坏的指标。损失值越小，模型表现越好。

3. 训练集准确率 Accuracy

训练集准确率指模型在训练数据上预测正确的比例。

4. 验证集准确率 Val Accuracy

验证集准确率指模型在验证数据上预测正确的比例。

【小车自动驾驶数据采集】

数据是人工智能三要素之一，数据的数量和质量对训练模型至关重要。在自动驾驶小车项目中有两种采集数据的方式。一种方式是人工移动小车采集数据，另一种方式是遥控小车行驶中采集数据。

一、人工移动小车采集数据

人工移动小车采集数据就是人移动小车贴着车道一点一点往前走，在车道不同的位置采集直行、左转、右转、停止的图像数据。采集数据时，需要将平板电脑和平板电脑支架放在小车的顶部，调整支架的位置及平板电脑的倾斜角度，保证摄像头恰好能拍摄到小车前方的车道。在平板电脑 Edge 浏览器中打开数据采集网页程序，地址是 https://www.sjaiedu.site/aicar/collect/ ，界面如下所示。

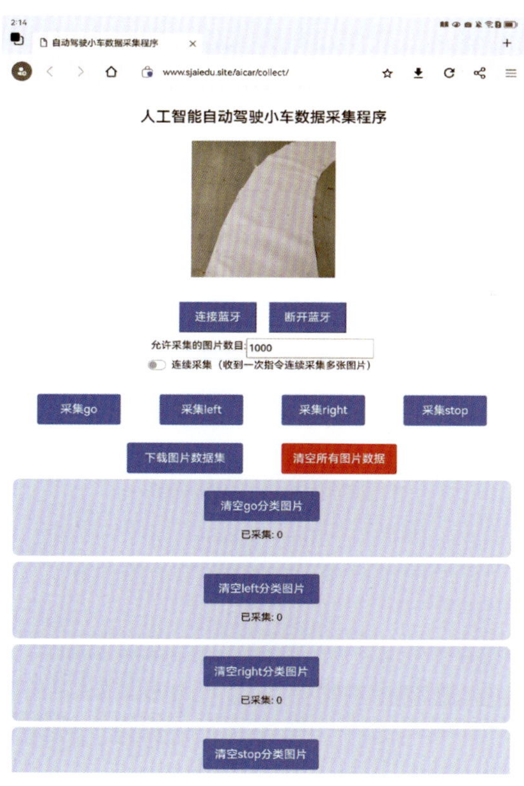

点击页面中间“采集 go”“采集 left”“采集 right”“采集 stop”四个按钮就可以分类采集图像样本数据了。采集图像样本数据的时候，页面会自动按照 go、left、right、stop 进行分类。数据采集过程中，如果某一图片不小心采集错了，点击错误的图片，可以将其从数据样本中删除。数据采集完成后，点击页面中“下载图片数据集”按钮，可将采集的数据集打包成一个 zip 压缩文件下载。利用 USB 数据线将数据集压缩文件传到电脑上，解压后可以进行浏览数据集图像样本。

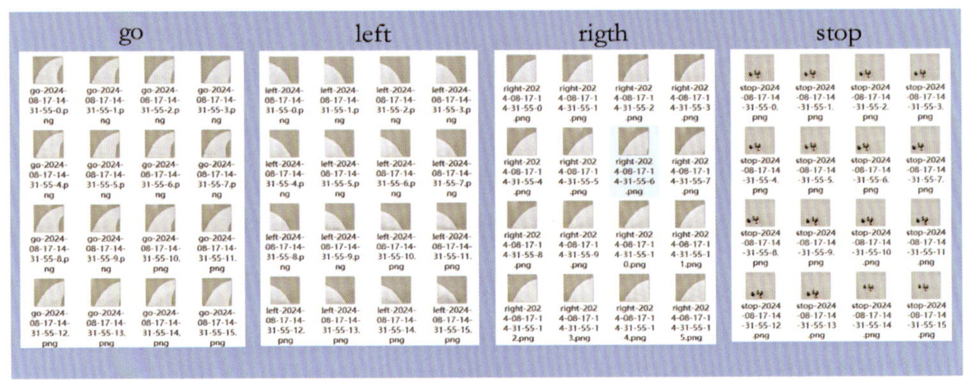

人工移动小车采集数据的方式虽然效率低，但是后面在测试小车自动驾驶时，对于小车决策错误的位置，就需要采用这种方式，可以用在局部位置补充采集数据样本的场景中。

二、遥控小车行驶中采集数据

遥控小车行驶中采集数据就通过手中的平板电脑遥控小车沿车道行驶的同时，控制小车上的平板电脑拍照采集图像样本数据。这种采集数据的方式效率更高，但是控制系统复杂一些。由于平板电脑和 ESP32 单片机之间的蓝牙连接是一对一连接的，不能让手中的平板电脑与小车 ESP32 一对一蓝牙通信的同时，再与另一个平板电脑进行一对一蓝牙连接。需要在前面的基础上增加一块 ESP32 开发板和一个平板电脑，通过两个单片机之间的串口通讯来传递遥控指令。

1. 控制系统组成

遥控小车行驶中采集数据的控制系统示意图如下图所示。

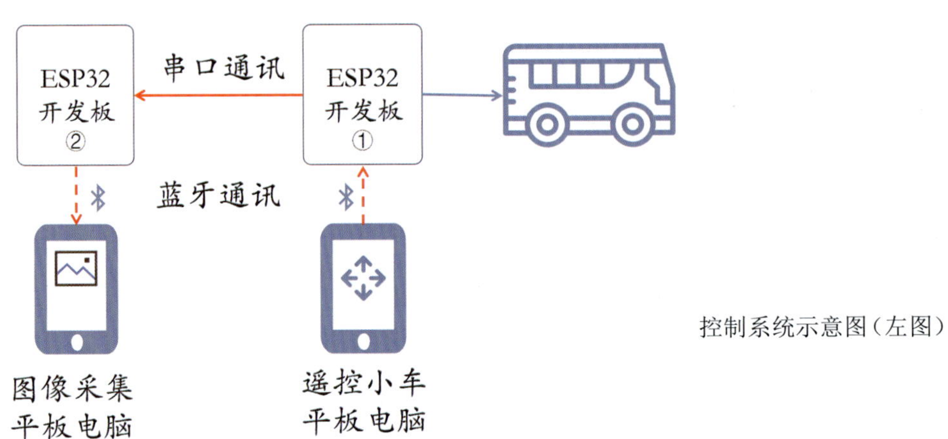

控制系统示意图（左图）

此时，整个控制系统可以看成由四个子系统组成：

（1）遥控小车平板电脑子系统

（2）小车控制子系统

（3）指令传递子系统

（4）采集图像平板电脑子系统

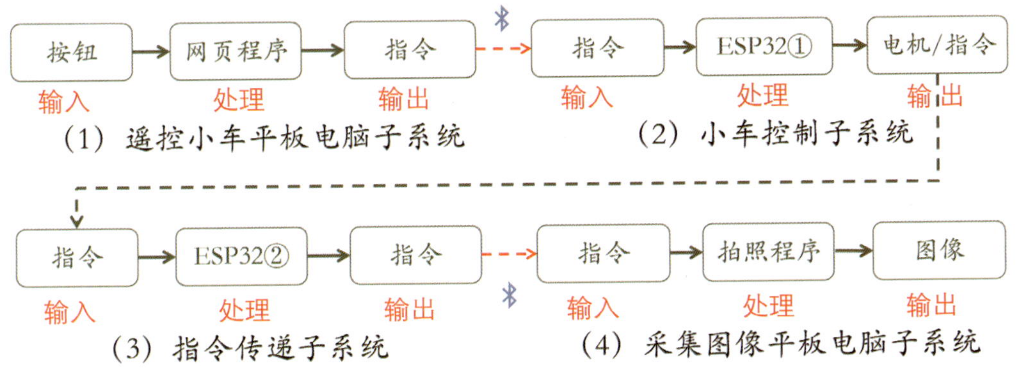

控制系统框图

2. 电路连接

此时，电路实物连接如下左图所示，串口通讯电路连接如下右图所示。

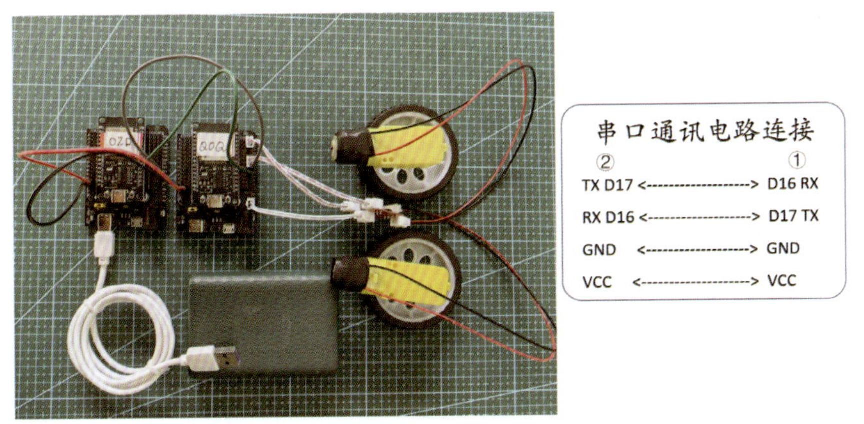

3. ESP32 单片机程序

此时，两块 ESP32 单片机的参考程序如下图所示，右框中是遥控小车行驶的 ESP32 ①单片机的程序，左框中是传递遥控指令给采集数据样本平板电脑的 ESP32 ②单片机的程序。注意，两个单片机的串口通讯波特率必须设置成一样的频率，否则，两个单片机无法正常通讯，这里采用默认值。

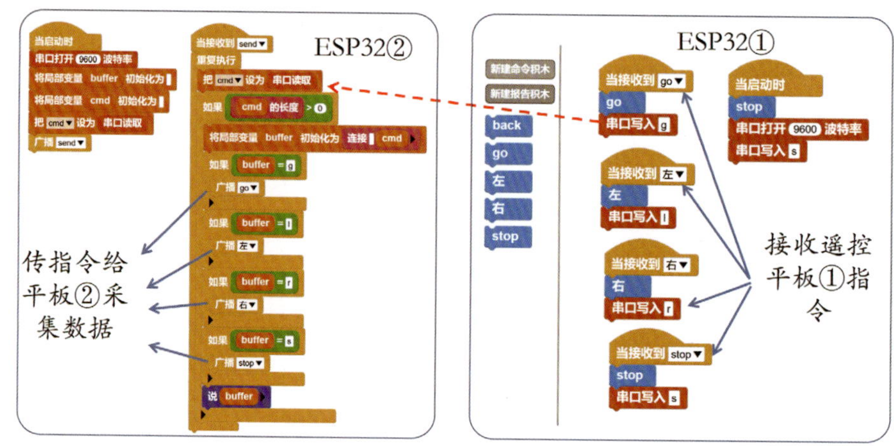

两个 ESP32 单片机参考程序

在遥控小车行驶中采集数据前，需要将两个平板电脑蓝牙连接到对应的 ESP32 单片机蓝牙，如下图所示。

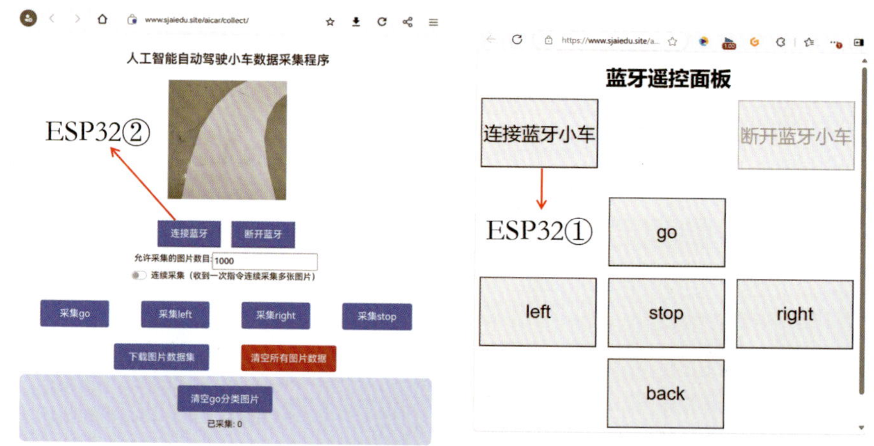

【搭建 CNN 训练模型实现小车自动驾驶】

还可以自己搭建一个卷积神经网络（CNN）基于采集的数据集从零开始训练一个模型实现小车的自动驾驶。

MobileNet 其实就是一种卷积神经网络，虽然 MobileNet 可以在移动设备上高效推理运行，但训练阶段和推理阶段对计算能力的要求是不同，训练阶段仍然需要较多的计算资源，尤其是从零开始训练。普通电脑可能没有足够的 GPU 显存或计算能力，会导致训练时间过长甚至无法完成。

自动驾驶小车其实是要实现图像四分类识别，这个任务相比与 ImageNet 的 1000

分类识别要简单很多，需要采集的数据量不需像 ImageNet 那么大。另一方面是基于 Tensorflow.js 在普通电脑浏览器中训练模型，因此，可以尝试搭建简单的卷积神经网络，训练模型，测试小车自动驾驶效果。可以将任务和现有的算力以及准备采用的算法告诉大语言模型，让大语言模型帮我们搭建一个卷积神经网络模型。以下是与 DeepSeep 对话的内容，DeepSeek 提供了基于 Tensorflow.js 框架的卷积神经网络代码。

> 我想基于 Tensorflow.js 在浏览器中训练一个 CNN 模型，训练一个图像四分类模型，用来实现玩具小车的自动驾驶，请提供一个适合在浏览器中训练的 CNN 模型结构代码。
>
> <think>
>
> 好的，用户想在浏览器中使用 TensorFlow.js 训练一个 CNN 模型，实现玩具小车的四分类自动驾驶。首先，我需要确定四分类的具体类别，比如前进、左转、右转、停止。然后，考虑模型的结构是否适合在浏览器中运行，毕竟浏览器的计算资源有限，模型不能太大。
>
> 用户可能已经有一些图像数据，但需要确认数据的预处理和输入尺寸。通常，小车摄像头的数据可能分辨率不高，比如 64x64 或 128x128 的 RGB 图像。模型需要轻量，避免过多的参数导致训练和推理速度慢。
>
> 接下来是模型结构。MobileNet 或类似的轻量级架构适合移动端，但可能需要调整。不过用户可能希望从头构建一个简单的 CNN。典型的结构可能包括几个卷积层、池化层，然后是全连接层。考虑到分类任务，输出层使用 softmax 激活函数，四个节点。
>
> 还需要考虑模型的输入形状，比如 64x64x3。卷积层逐步提取特征，使用 ReLU 激活函数。为了防止过拟合，可以加入 Dropout 层或 L2 正则化。此外，批标准化层可能有助于加速训练。
>
> 数据增强也是关键，但由于在浏览器中，可能需要使用 TensorFlow.js 的数据增强 API，比如图像旋转、翻转等，来增加数据多样性。
>
> 然后是编译模型，选择适当的优化器，比如 Adam，学习率不宜过大。损失函数使用分类交叉熵，监控准确率指标。
>
> 用户可能还需要考虑如何收集和预处理数据，是否通过摄像头实时捕获图像，并打标签。数据的平衡性也很重要，避免某一类过多导致模型偏向。
>
> 另外，在浏览器中训练需要注意性能问题，比如分批训练，减少每批的数据量，避免卡顿。使用 WebGL 后端加速计算。
>
> 最后，模型评估和导出，以便在自动驾驶时实时推理。可能需要将模型转换为 JSON 格式保存，便于加载。
>
> 需要确保代码示例清晰，包含模型定义、编译、训练循环，以及数据加载和增强的部分。同时提醒用户注意浏览器的限制，比如内存和计算时间，建议在高性能设备上进行训练，或分阶段训练。
>
> </think>
>
> 以下是一个适合在浏览器中运行的轻量级 CNN 模型结构代码，用于四分类图像识别任务（适合自动驾驶方向控制）：

```
const model = tf.sequential();
inputShape = [64, 64, 3]
// 卷积层 1
  model.add(tf.layers.conv2d({
    inputShape: inputShape,
    filters: 16,
    kernelSize: 5,
    strides: 2,
    activation: 'relu',
    kernelInitializer: 'heNormal'
  }));
  // 批标准化
  model.add(tf.layers.batchNormalization());
  // 卷积层 2
  model.add(tf.layers.conv2d({
    filters: 32,
    kernelSize: 3,
    activation: 'relu',
    kernelInitializer: 'heNormal'
  }));
  // 最大池化
  model.add(tf.layers.maxPooling2d({poolSize: 2}));
  // 卷积层 3
  model.add(tf.layers.conv2d({
    filters: 64,
    kernelSize: 3,
    activation: 'relu',
    kernelInitializer: 'heNormal'
  }));
  // 全局平均池化代替全连接层（减少参数量）
  model.add(tf.layers.globalAveragePooling2d());
  // Dropout 正则化
  model.add(tf.layers.dropout({rate: 0.5}));
  // 输出层（四分类）
  model.add(tf.layers.dense({
    units: 4,
    activation: 'softmax'
 }));
```

可以在 https://www.sjaiedu.site/aicar/cnntrain/ 页面中训练自己搭建的 CNN 模型，在大语言模型的帮助下，你可以尝试修改模型的结构，探究不同模型结构对训练时间、内存使用、参数大小、准确率等因素的影响。你也可以使用页面中默认的 CNN 模型代码训练模型。

模型训练完成后，下载模型文件，上传文件到平板电脑或手机端，在推理页面（https://www.sjaiedu.site/aicar/cnnpredict/）加载模型，测试小车自动驾驶效果。如果小车自动驾驶的效果不好，则需要再次采集数据、修改神经网络结构、训练模型、测试模型，这是一个不断迭代优化的过程。

【子项目任务】

【任务一】小车自动驾驶解决方案分析

一、学习工具

学习任务单。

二、学习活动

1. 阅读以下材料，分析小车自动驾驶控制系统中的人工智能三要素，填写以下表格，并进行组内分享交流。

出于成本考虑，我们希望充分利用身边已有的计算资源如平板电脑、手机、普通电脑等，结合性价比较高的开源硬件如 ESP32 开发板，利用纯视觉的方法实现小车的自动驾驶。通过放置在小车上的平板电脑或手机摄像头实时拍照，通过深度学习神经网络模型分析实时拍摄的图像，决策小车应该执行的动作指令，通过蓝牙通信将指令发送给控制小车行驶的 ESP32 开发板。

数据	
算法	
算力	

三、学习成果

学习单任务单。

四、学习评价

评价维度	如果符合请打 √
能综合考虑数据、算法、算力、成本等因素分析小车自动驾驶控制系统。	□

【任务二】体验 MobileNet 模型应用

一、学习工具

1. 学习任务单

2. 工具：电脑、平板电脑

3. 学习资源：① https://www.sjaiedu.site/aicar/mobilenet/
② https://www.sjaiedu.site/aicar/mobilenetrealtime/
③ https://www.sjaiedu.site/aicar/mobilenetvis/

二、学习活动

MobileNet 是一个图像分类识别模型，它是专门为移动设备设计的卷积神经网络模型，适合运行在手机、平板电脑等边缘设备上，它可以识别 1000 种常见的物体。

1. 体验 MobileNet 拍照识物应用

在平板电脑 Edge 浏览器中打开 MobileNet 拍照识物应用网页程序（学习资源①），将平板电脑后置摄像头对准身边的物体，点击页面中的“拍照识物”按钮，就可以看到模型推理的结果。使用不同的 MobileNet V1 模型识别同一张图片，记录识别结果。

序号	模型宽度因子	模型参数	Top1 名称	ImageNet ID	Top1 概率
1	0.25				
2	0.50				
3	0.75				
4	1.0				

思考：MobileNet V1 模型识别同一张图片准确率跟模型参数有怎样的关系？组内与同伴分享你的看法。

2. 分析 MobileNet 拍照识物程序系统组成

如果把 MobileNet 拍照识物程序看成一个信息系统，请分析它的输入、处理、输出，填写在以下表格中。

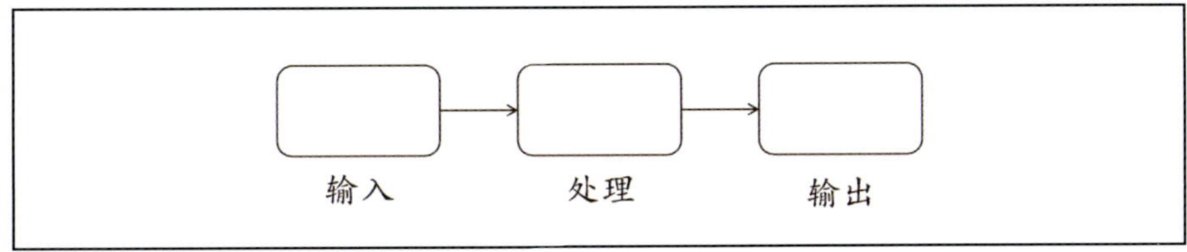

3. 体验 MobileNet 实时识别应用

在平板电脑或手机 Edge 浏览器中打开 MobileNet 实时识别网页程序（学习资源②）。将平板电脑或手机后置摄像头对准身边的物体，选择不同宽度因子的模型（0.25, 0.50, 0.75, 1.0），观察识别帧率，记录不同模型平均识别帧率（每秒钟识别的次数）。

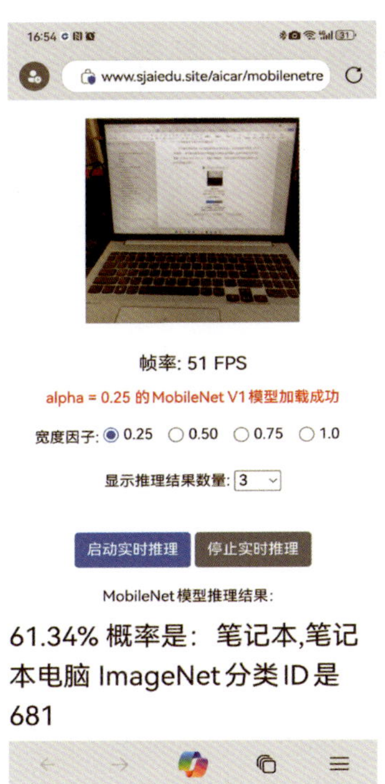

序号	模型宽度因子	模型参数	平均识别帧率
1	0.25		
2	0.50		
3	0.75		
4	1.0		

思考：平板电脑 MobileNet V1 实时识别程序识别帧率与模型参数有怎样的关系？组内与同伴分享你的看法。

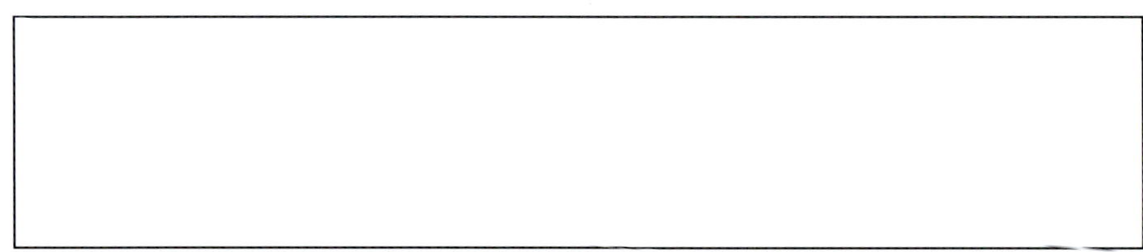

4. 体验 MobileNet 卷积层提取特征图

在平板电脑或手机 Edge 浏览器中打开 MobileNet 卷积层可视化网页程序（网络资源③），启用摄像头，将摄像头对准身边的物体拍照，如下图所示，选择不同的卷积层，观察不同的卷积层输出的“特征图”。

可视化MobileNet各卷积层输出的特征图

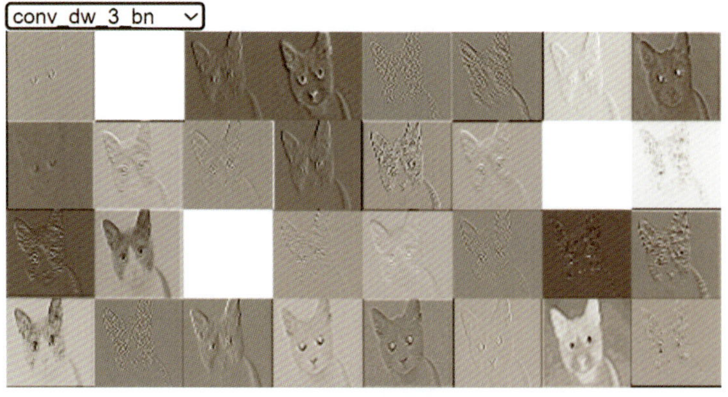

与同伴分享你对卷积层输出的“特征图”的理解。

三、学习成果

学习任务单。

四、学习评价

评价维度	如果符合请打√
能解释模型准确率与模型参数的关系。	☐
能分析拍照识物应用程序的输入、处理、输出。	☐
能理解算力和模型尺寸之间的关系。	☐
能理解卷积神经网络卷积层的作用。	☐

【任务三】利用 MobileNet+KNN 实现小车自动驾驶

一、学习工具

1. 学习任务单
2. 材料：小车、车道、行人人偶
3. 工具：电脑、平板电脑
4. 学习资源：① https://www.sjaiedu.site/aicar/mobilenetknn/
   ② https://www.sjaiedu.site/aicar/knn/

二、学习活动

1. 理解 KNN 算法

通过在线互动程序（学习资源①）理解 MobileNet+KNN 算法。结合生活举例说明你对迁移学习的理解，组内与同伴分享你对 KNN 算法的理解。

2. 在自己搭建的车道上测试小车自动驾驶

在平板电脑Edge浏览器中，打开MobileNet+KNN的小车自动驾驶程序（学习资源②）如下图所示，连接小车蓝牙，人工移动小车采集数据，实现小车自动驾驶。

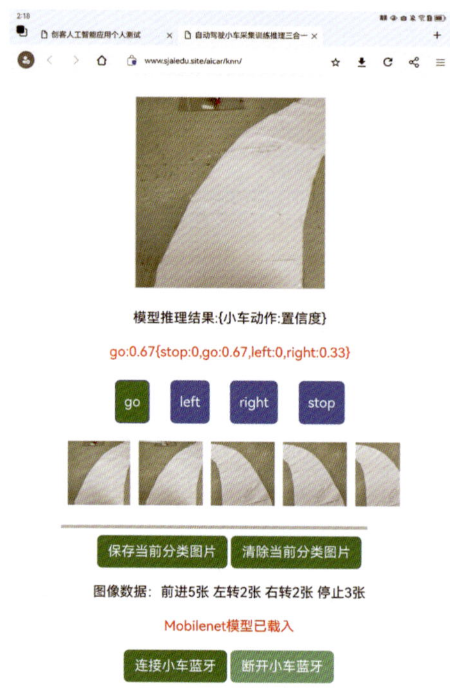

序号	go 样本数	left 样本数	right 样本数	stop 样本数	自动驾驶效果
1					
2					
3					

小车实现自动驾驶功能后，在页面中下载样本数据，以备后用。

3. 在其他车道上测试小车自动驾驶

使用之前采集的图像样本数据，测试小车在其他不同形状车道或不同颜色车道上自动行驶的效果，思考为什么？

三、学习成果

具有简单自动驾驶功能的小车。

四、学习评价

评价维度	如果符合请打 √
能解释 KNN 算法，说出 KNN 算法的优点和缺点。	□
能利用 MobileNet 预训练模型结合 KNN 算法实现小车自动驾驶。	□

【任务四】利用 MobileNet+MLP 实现小车自动驾驶

一、学习工具

1. 学习任务单
2. 材料：小车（2 块 ESP32 开发板）、车道、杜邦线若干、行人人偶
3. 工具：电脑、2 个平板电脑
4. 学习资源：① https://www.sjaiedu.site/aicar/collect/

   ② https://www.sjaiedu.site/aicar/trainupload/

   ③ https://www.sjaiedu.site/aicar/predict/

二、学习活动

1. 人工移动小车采集数据

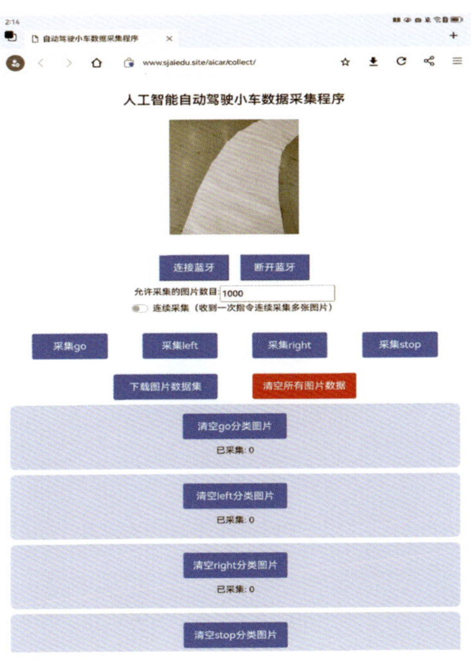

使用平板电脑结合数据采集网页程序（学习资源①）采集图像数据。将平板电脑及支架在小车顶部，调整支架的位置，及平板电脑倾斜的角度，让平板电脑的摄像头恰好能看到小车前方的车道，然后固定好平板电脑支架，防止平板电脑支架移动或从小车上脱落。移动小车贴着地面沿着车道慢慢向前走，假想你坐在小车中正在驾驶小车，根据观察到的小车在车道上的方位，判断小车行驶的动作，然后点击页面中间相应的采集按钮，采集某一分类的图像样本数据。注意，go、left、right、stop 每一分类样本数据都要采集到。数据采集完成后点击页面中间“下载图片数据集”按钮，下载数据集 zip 压缩文件，然后将数据集传到电脑解压缩，浏览采集的图像样本数据集，对于明显分类错误的图像，将其删除。统计各分类图像样本数据，记录在下表中。

go 分类	left 分类	right 分类	stop 分类	总计
张	张	张	张	张

2. 遥控小车行驶中采集图像数据

（1）分析遥控小车行驶中采集图像控制系统组成

遥控小车行驶中采集数据就通过手中的平板电脑遥控小车沿车道行驶的同时，控制小车上的平板电脑拍照采集图像样本数据。这种采集数据的方式效率更高，但是控制系统复杂一些。由于平板电脑和 ESP32 单片机之间的蓝牙连接是一对一连接的，不能让手中的平板电脑与小车 ESP32 一对一蓝牙通信的同时，再与另一个平板电脑进行一对一蓝牙连接。需要在前面的基础上增加一块 ESP32 开发板和一个平板电脑，通过两个单片机之间的串口通讯来传递遥控指令。

整个控制系统可以看成由四个子系统组成：

①遥控小车平板电脑子系统

②小车控制子系统

③指令传递子系统

④采集图像平板电脑子系统

分析每个子系统的输入、处理、输出，填写在下表中。

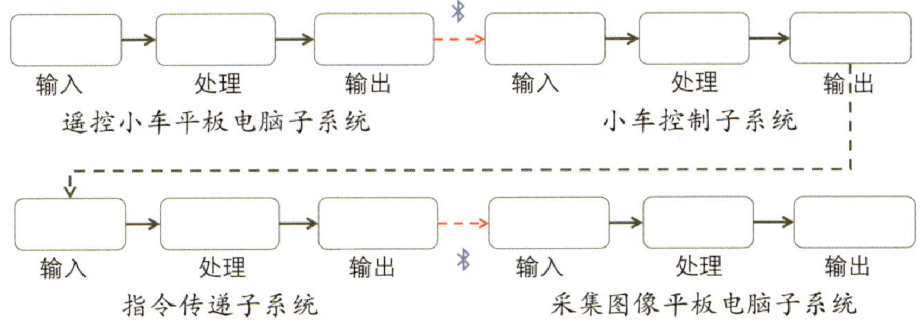

（2）连接电路

根据串口通讯电路连接说明（如右图所示），连接电路。

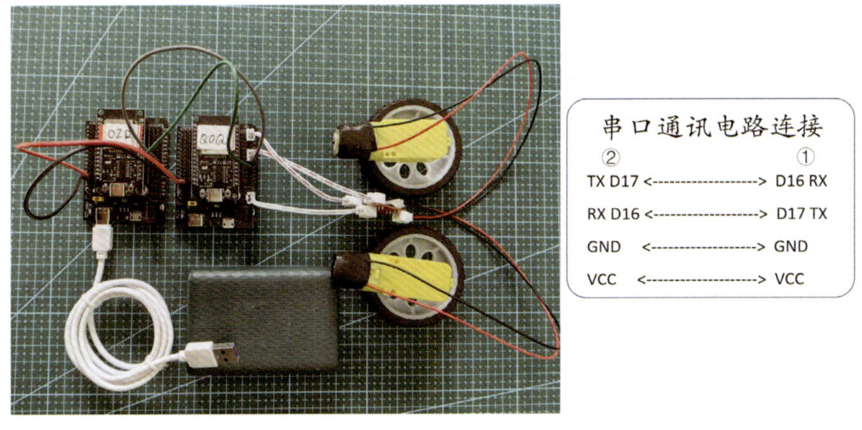

（3）搭建 ESP32 单片机程序

参考下图，搭建两个 ESP32 单片机的程序。

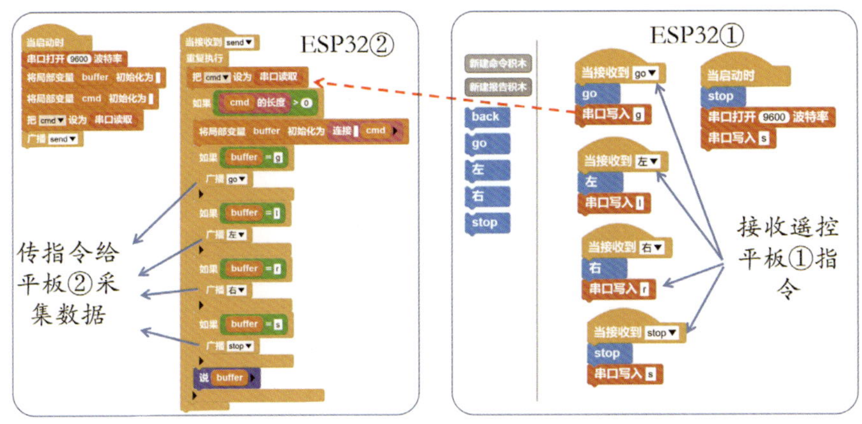

两个 ESP32 单片机参考程序

（4）遥控小车沿车道行驶中采集数据

将采集图像数据的平板电脑和平板电脑支架放在小车的顶部。调整支架的位置，及平板电脑倾斜的角度，让平板电脑的摄像头恰好能看到小车前方的车道，然后固定好平板电脑支架，防止平板电脑支架移动或从小车上脱落。

将两个平板电脑蓝牙连接到对应的 ESP32 单片机蓝牙，如下图所示。

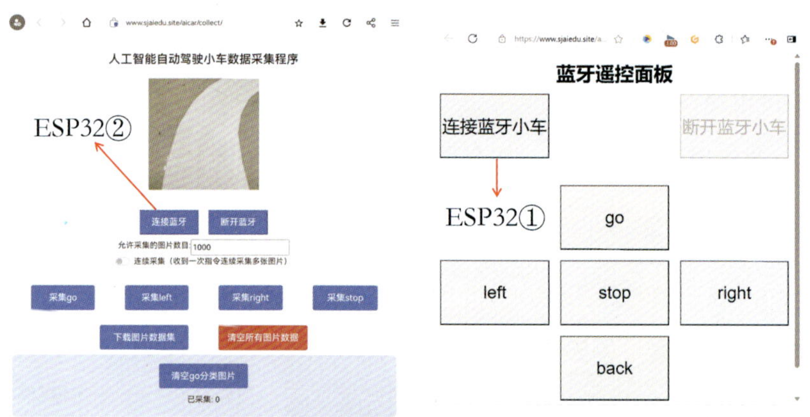

遥控小车沿车道一边行驶一边采集图像样本数据。数据采集完成后点击页面中间“下载图片数据集”按钮，下载数据集 zip 压缩文件，然后将数据集传到电脑解压缩，浏览采集的图像样本数据集，对于明显分类错误的图像，将其删除。统计各分类图像样本数据，记录在下表中。

go 分类	left 分类	right 分类	stop 分类	总计
张	张	张	张	张

3. 训练模型

在电脑上打开自动驾驶小车模型训练页面（学习资源②）如下图所示，在页面中分别上传 go、left、right、stop 分类图像样本数据，保持数据集不变采用控制变量法探究学习率（Learning Rate）、批量大小（Batch Size）、训练轮数（Epoch）、隐藏层神经元数量（Dense Units）、神经网络结构对模型损失函数及准确率的影响。

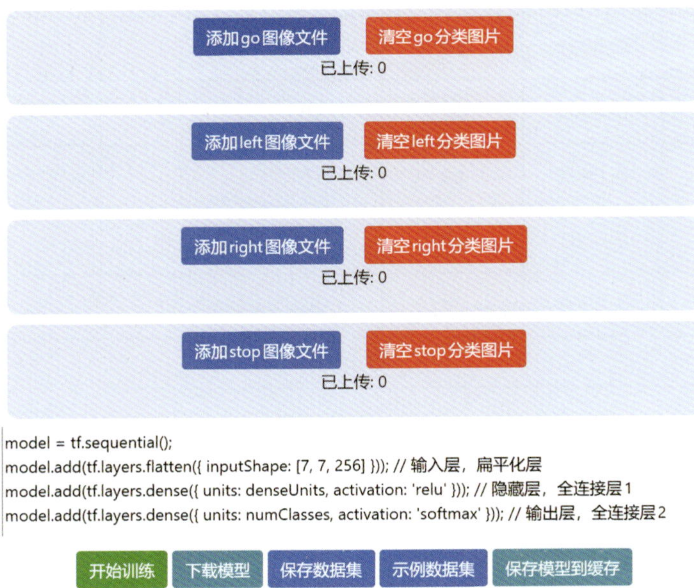

数据上传后，点击“开始训练”按钮，模型开始训练后，可以看到损失函数及准确率随训练轮数的变化趋势图。

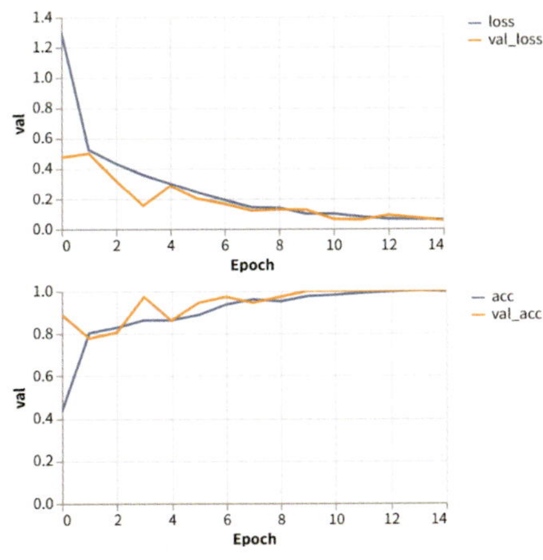

（1）探究验证集分割比例对模型准确率的影响。

序	验证集分割比例	学习率	批量大小	训练轮数	隐藏层神经元数量	训练集准确率	验证集准确率
1	10%	0.0001	64	15	50		
2	15%	0.0001	64	15	50		
3	20%	0.0001	64	15	50		
4	30%	0.0001	64	15	50		
5	35%	0.0001	64	15	50		

结论：________________________________

（2）探究验学习率对模型准确率的影响。

序	验证集分割比例	学习率	批量大小	训练轮数	隐藏层神经元数量	训练集准确率	验证集准确率
1	15%	0.1	64	15	50		
2	15%	0.01	64	15	50		
3	15%	0.001	64	15	50		
4	15%	0.0001	64	15	50		
5	15%	0.00001	64	15	50		
6	15%	0.000001	64	15	50		

结论：________________________________

（3）探究验批量大小对模型准确率的影响。

序	验证集分割比例	学习率	批量大小	训练轮数	隐藏层神经元数量	训练集准确率	验证集准确率
1	15%	0.0001	8	15	50		
2	15%	0.0001	16	15	50		
3	15%	0.0001	64	15	50		
4	15%	0.0001	128	15	50		
5	15%	0.0001	256	15	50		

结论：________________________________

（4）探究验证训练轮数对模型准确率的影响。

序	验证集分割比例	学习率	批量大小	训练轮数	隐藏层神经元数量	训练集准确率	验证集准确率
1	15%	0.0001	64	2	50		
2	15%	0.0001	64	5	50		
3	15%	0.0001	64	15	50		
4	15%	0.0001	64	30	50		
5	15%	0.0001	64	300	50		

结论：____

（5）探究验证隐藏层神经元数量对模型准确率的影响。

序	验证集分割比例	学习率	批量大小	训练轮数	隐藏层神经元数量	训练集准确率	验证集准确率
1	15%	0.0001	64	15	10		
2	15%	0.0001	64	15	50		
3	15%	0.0001	64	15	100		
4	15%	0.0001	64	15	200		
5	15%	0.0001	64	15	500		

结论：____

（6）探究神经网络结构对模型准确率的影响。

使用验证集分割比例、学习率、批量大小、训练轮数、隐藏层神经元数量默认值，保持数据集不变，在大语言模型的帮助下修改神经网络结构代码，比如增加隐藏层的数量，再次训练模型。

序	神经网络结构代码	训练集准确率	验证集准确率
1			
2			
3			

（7）探究数据集对模型准确率的影响。

保持验证集分割比例、学习率、批量大小、训练轮数、隐藏层神经元数量为默认设置，改变数据集，再次训练模型。

序	数据集				训练集准确率	验证集准确率
	go 样本数	left 样本数	right 样本数	stop 样本数		
1						
2						
3						
4						
5						

（8）归纳总结影响模型准确率的因素。

4. 保存模型

模型训练完成后，点击页面底部的“下载模型”按钮，浏览器会下载两个文件，一个是 my-model.json 模型结构文件，另一个是 my-model.weights.bin 模型权重文件，将这两个文件传到平板电脑上，后面推理时会用到。注意，如果多次训练模型多次下载模型，浏览器不会自动覆盖之前的模型文件，而是自动给模型文件重新命名如 my-model(1).json、my-model.weights(1).bin 这种格式，这时你再次上传模型文件到平板电脑时，需要先将旧文件删除，将模型文件名改回原来的文件名。

5. 测试小车自动驾驶

（1）部署模型

在平板电脑 Edge 浏览器中打开小车自动驾驶程序（学习资源③），如下图左图所示。第一次打开页面时，由于没有模型文件，页面会提示“请先上传小车自动驾驶模型文件”，摄像头是未启动状态。点击“选择文件”按钮分别选择平板电脑上的 my-model.json 模型结构文件和 my-model.weights.bin 模型权重文件，然后点击“上传并加载小车自动驾驶模型”按钮加载模型，注意文件名必须和页面提示的文件名完全一致，否则上传时会提示错误。

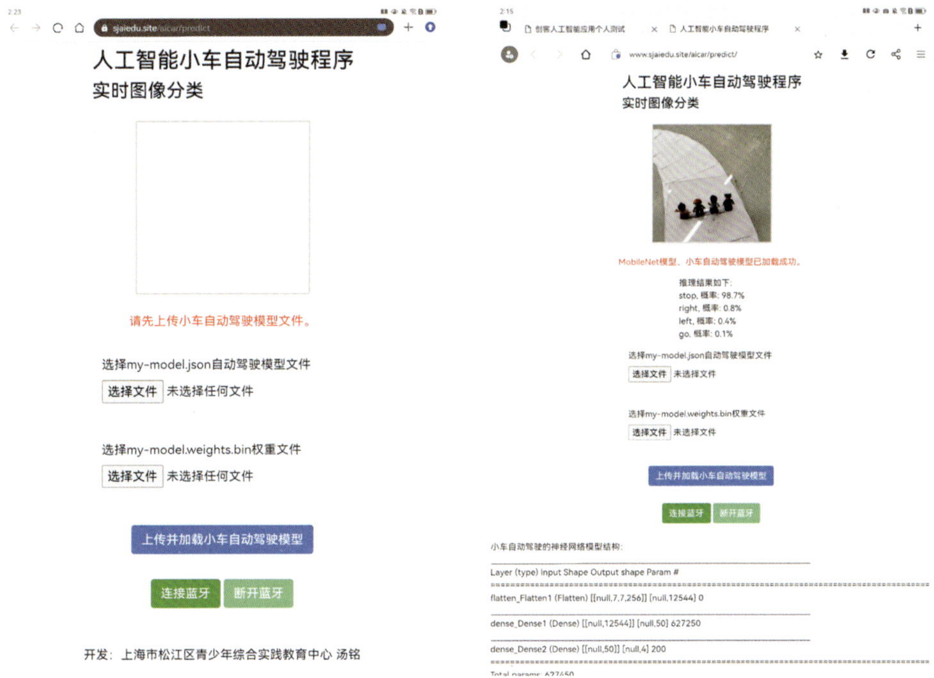

模型上传成功后页面会提示“模型已加载成功”，摄像头会启动，此时在摄像头下方会出现推理结果。页面中的实时图像分类程序会对摄像头拍摄到的图片不断地推理，推理的快慢跟平板电脑的算力有关，推理结果是按概率降序排列。点击连接蓝牙按钮，连接控制小车行驶的ESP32单片机蓝牙，连接成功后，页面就会不断地将概率最大的指令发送给ESP32单片机，控制小车行驶的动作，进而实现小车的自动驾驶。

（2）在车道上测试小车自动驾驶效果

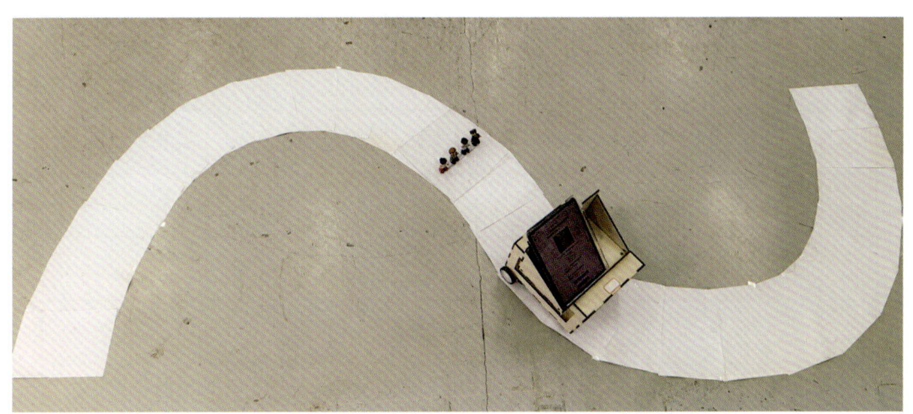

在采集数据的车道上测试小车自动驾驶效果：

①顺向（跟采集数据时一致的行驶方向）测试。

②逆向（跟采集数据时相反的行驶方向）测试。

③将障碍物放置在车道不同的位置测试。

④改变环境光照情况进行测试。

⑤在车道附近放置一些其他物体进行测试。

将车道形状、行驶方向、“行人”位置、环境光照情况及测试结果，特别是出错的情况记录在下表中。

序	车道形状，行驶方向及“行人”位置	测试结果
1		
2		
3		
4		
5		

思考小车在某些位置识别错误的原因，并与同伴讨论解决办法。

6. 优化模型

在小车自动驾驶识别出错的位置用人工移动小车采集数据的方法再次采集图像样本数据，记录在下表中。

序	出错的情况（出错位置、错误指令）	正确指令	采集样本数量
1			
2			
3			
4			
5			

再次训练模型，将模型训练相关数据记录在下表中。

序	验证集分割比例	学习率	批量大小	训练轮数	隐藏层神经元数量	各分类样本数量	训练集准确率	验证集准确率
1								
2								
3								
4								
5								

7. 再次测试小车自动驾驶

分别在采集数据的车道和其他车道上测试小车自动驾驶效果，将车道形状、颜色、行驶方向、“行人”位置、环境光照情况及测试结果，特别是出错的情况记录在下表中。

序	车道形状，行驶方向及“行人”位置	测试结果
1		
2		
3		
4		
5		

与同伴讨论测试结果。

三、学习成果

具有简单自动驾驶功能的小车。

四、学习评价

评价维度	如果符合请打 √
能通过方框图分析小车控制系统组成。	☐
能通过小车控制系统采集训练模型所需的图像数据集。	☐
能用解释迁移学习。	☐
能基于特定的在线平台训练模型，能采用科学的方法探究影响模型准确率的因素。	☐
能采用科学的方法测试小车自动驾驶功能。	☐
能优化迭代小车自动驾驶模型。	☐

【任务五】自主搭建 CNN 实现小车自动驾驶

一、学习工具

1. 学习任务单
2. 材料：小车（2 块 ESP32 开发板）、车道、杜邦线若干、行人人偶
3. 工具：电脑、2 个平板电脑
4. 学习资源：① https://www.sjaiedu.site/aicar/collect/
   ② https://www.sjaiedu.site/aicar/cnntrain/
   ③ https://www.sjaiedu.site/aicar/cnnpredict/

二、学习活动

1. 借助大语言模型生成 CNN 代码

把我们的需求告知大语言模型（如 DeepSeek、通义千问等），让大语言模型帮助我们生成 CNN 代码，并让大语言模型向你解释每一行代码的作用。可以尝试与不同的大语言模型进行对话。将对话过程记录在下表中。

序	我的提示词	选择的大语言模型	大语言模型提供的参考代码
1			
2			
3			

2. 训练模型

根据不同大语言模型生成的不同 CNN 代码，基于已有数据集训练模型，将训练中的相关数据记录在下表中。

（1）根据 CNN 代码 1 训练生成的模型

序	验证集分割比例	学习率	批量大小	训练轮数	各分类样本数量	训练集准确率	验证集准确率
1							
2							
3							
4							
5							

（2）根据 CNN 代码 2 训练生成的模型

序	验证集分割比例	学习率	批量大小	训练轮数	各分类样本数量	训练集准确率	验证集准确率
1							
2							
3							
4							
5							

（3）根据 CNN 代码 3 训练生成的模型

序	验证集分割比例	学习率	批量大小	训练轮数	各分类样本数量	训练集准确率	验证集准确率
1							
2							
3							
4							
5							

3. 测试小车自动驾驶

使用不同的模型在不同的车道上测试小车自动驾驶效果，将车道形状、颜色、行驶方向、障碍物位置、环境光照情况及测试结果，特别是出错的情况记录在下表中。

（1）使用CNN模型1测试小车自动驾驶

序	车道形状，行驶方向及“行人”位置	测试结果
1		
2		
3		

（2）使用CNN模型2测试小车自动驾驶

序	车道形状，行驶方向及“行人”位置	测试结果
1		
2		
3		

（3）使用CNN模型3测试小车自动驾驶

序	车道形状，行驶方向及“行人”位置	测试结果
1		
2		
3		

与同伴讨论测试结果。

三、学习成果

具有简单自动驾驶功能的小车。

四、学习评价

评价维度	如果符合请打√
能通过小车控制系统采集训练模型所需的图像数据集，数据样本总量不少于2000，每个分类样本数至少大于300。	☐
能依据现有条件，借助AI大语言模型搭建CNN。	☐
能基于特定的在线平台训练CNN模型。	☐
能采用科学的方法测试小车自动驾驶功能。	☐
能优化迭代小车自动驾驶模型。	☐

【任务六】增加识别红绿灯功能

一、学习工具

1. 学习任务单
2. 材料：小车（2块ESP32开发板）、车道、杜邦线若干、行人人偶
3. 工具：电脑、2个平板电脑
4. 学习资源：① https://www.sjaiedu.site/aicar/collect/
   ② https://www.sjaiedu.site/aicar/trainupload/
   ③ https://www.sjaiedu.site/aicar/predict/

二、学习活动

在已有自动驾驶功能的基础上给小车增加识别红绿灯的功能，实现小车“红灯停、绿灯行”。红绿灯道具如下图所示，也可以用红色、绿色的纸剪成圆形贴在纸盒子上代替红绿灯。

1. 采集数据样本

用人工移动小车的方式采集红灯、绿灯的图像样本数据。

“绿灯行”（go 分类）	“红灯停”（stop 分类）	总计
张	张	张

2. 训练模型

将“绿灯行”图像样本数据添加到之前采集的 go 分类数据集，将“红灯停”图像样本数据添加到之前采集的 stop 分类数据集。再次训练模型，将相关数据记录在以下表格中。

序	验证集分割比例	学习率	批量大小	训练轮数	各分类样本数量	训练集准确率	验证集准确率
1							
2							
3							
4							
5							

3. 测试小车自动驾驶

在车道上测试小车自动驾驶效果，将车道形状、颜色、行驶方向、行人人偶位置、“红绿灯”位置、环境光照情况及测试结果，特别是出错的情况记录在下表中。

序	车道形状、行驶方向、“行人、红绿灯”位置	测试结果
1		
2		
3		
4		
5		

与同伴讨论测试结果。

三、学习成果

具有简单自动驾驶功能的小车，且能识别红绿灯。

四、学习评价

评价维度	如果符合请打√
能通过小车控制系统采集训练模型所需的图像数据集。	□
能基于特定的在线平台训练模型。	□
能优化迭代小车自动驾驶模型，小车实现“红灯停，绿灯行”效果。	□

【子项目评价】

请根据项目实践情况进行自我评价（☆☆☆代表“高手”，☆☆代表“能手”，☆代表“新手”），完成后请同伴或老师进行评价。

评价内容	评价标准	自评	他评
人工智能思维	☆☆☆能综合考虑数据、算法、算力之间的依赖关系及现有条件，分析解决方案，能提出可能可行的优化方向；能准确描述三要素的具体构成。		
	☆☆能分别从数据、算法、算力三要素分析解决方案，但未深入讨论要素间的依赖关系；能正确列举三要素的基本构成。		
	☆提及数据、算法、算力中的部分要素，但表述不完整或存在错误；对三要素的构成缺乏清晰认识。		
人工智能应用	☆☆☆能用两种以上方案实现小车自动驾驶，能说出不同方案算法上的区别。		
	☆☆能用两种方案实现小车自动驾驶，能说出两种方案算法上的区别。		

续表

人工智能应用	☆没有实现小车自动驾驶，或只使用一种方案，不能解释方案中用到的算法。		
科学探究	☆☆☆能用自己的话解释模型训练的超参数的含义，能用控制变量法探究影响模型准确率的因素，能解释如何用准确率评估模型质量。		
	☆☆能说出模型训练的超参数，能用控制变量法探究影响模型准确率的因素，会用准确率评估模型质量。		
	☆能说出模型训练的超参数，不会探究影响模型准确率的因素，不会评估模型质量。		
工程思维	☆☆☆能通过不同场景中的测试，不断迭代神经网络模型，优化小车自动驾驶功能，提出改进方向。能总结工程设计的一般过程及深度学习解决问题的一般工程。		
	☆☆能通过不断的测试、迭代优化小车自动驾驶功能。能总结工程设计的一般过程及机器学习解决问题的一般工程。		
	☆有测试，但没有迭代优化的过程。		
沟通能力	☆☆☆能积极主动与他人分享自己的观点；能积极倾听他人的想法，给对方反馈，但不轻易打断对方，不指责他人，能认可和赞美别人的观点，能换位思考。		
	☆☆能与他人分享自己的观点；能认真倾听他人的想法		
	☆不与他人分享自己的想法；做自己的事，不倾听他人的想法；		
合作能力	☆☆☆团队分工明确，每位成员都承担个人责任并认可他人，团队成员相互配合，团队有明确的、共同的目标，项目进展顺利。		
	☆☆团队分工明确，每位成员都能参与项目，共同推进项目，项目按时完成。		
	☆团队分工不明确，少数成员没有积极参与项目，项目未能按时完成。		

出项活动：自动驾驶小车作品评估会

建议年级：高一 / 高二

建议课时：2 课时

【子项目成果】

<table>
<tr><td>成果名称</td><td colspan="2">具有简单自动驾驶功能的小车模型、自动驾驶小车作品答辩 PPT、评价单、小论文、项目学习反思</td></tr>
<tr><td>成果类型</td><td colspan="2">☑ 实物原型
☐ 方案规划
☑ 表演展示
☑ 思维外化</td></tr>
<tr><td rowspan="5">成果评估</td><td>成果评估标准</td><td>评估指向的知识 / 能力 / 素养</td></tr>
<tr><td>能在规定时间内按照要求完成小组作品答辩 PPT 制作</td><td>合理使用数字工具，团队协作</td></tr>
<tr><td>能在公开正式场合向他人分享自动驾驶小车作品；能对他人的分享提出建设性建议</td><td>用恰当的技术语言及方式与他人交流设计思想和成果（沟通能力、批判性思维）</td></tr>
<tr><td>能对整个项目学习过程进行反思</td><td>元认知能力</td></tr>
<tr><td>能对自动驾驶带来的伦理问题进行较深入的思考</td><td>信守智能社会的道德与伦理准则（人工智能社会责任、批判性思维）</td></tr>
</table>

【关键概念或能力】

1. 要点

通用技术核心概念	技术交流与评价
能力	沟通能力、批判性思维、合作能力

2. 解析

关键概念或能力	解析
技术交流	通过技术交流可以找到设计的不足，发现存在的问题，完善优化设计方案。
技术评价	可以从技术的功用性、可靠性、创新性等角度对作品进行整体评价。

【学习目标】

1. 通过制作作品答辩 PPT，发展合作交流能力。
2. 通过作品评估会，发展批判性思维能力。
3. 通过项目反思，发展元认知能力。

【子项目任务】

【任务一】制作自动驾驶小车作品答辩 PPT

一、学习工具

1. 学习任务单
2. 工具：电脑、平板电脑

二、学习活动

1. 组内成员分工合作制作自动驾驶小车作品答辩 PPT

答辩 PPT 主要包括以下内容：

（1）团队分工介绍

（2）每位成员精彩学习工作照片

（3）作品的设计理念及设计图样（包括结构草图及控制系统框图）

（4）小车自动驾驶实现原理的解释

（5）小车自动驾驶采集的数据集介绍

（6）小车自动驾驶算法的解释

（7）小车自动驾驶现场演示视频片段

（8）小车自动驾驶测试报告

（9）作品改进优化的方向

（10）小组对自动驾驶带来伦理问题的思考

（11）小组对项目的反思

2. 答辩演练

根据小组完成的 PPT 进行答辩演练，答辩时间控制在 5 分钟以内。

三、学习成果

自动驾驶小车作品答辩 PPT。

四、学习评价

评价维度	如果符合请打 √
团队成员协作在规定的时间内按要求完成答辩 PPT 制作。	□
团队成员能积极参与答辩的演练，答辩时间能控制在 5 分钟以内。	□

【任务二】举办自动驾驶小车作品评估会

一、学习工具

1. 学习任务单

2. 工具：电脑、平板电脑

二、学习活动

分组进行自动驾驶小车作品答辩交流。

要求：每组演讲的时间不超过五分钟，演讲结束后有 3 分钟的提问答辩交流环节，其他小组对演讲的小组进行评价。

三、学习成果

学习任务单（答辩评价表）。

四、学习评价

评价维度	如果符合请打 √
所有成员参与演讲答辩，时间控制在 5 分钟以内。	□
在提问答辩交流环节能与其他小组进行积极有效的交流，提出建设性的建议。	□

【任务三】自动驾驶小车项目反思

一、学习工具

学习任务单。

二、学习活动

1. 答辩交流中你们小组收到了哪些积极的评价（哪些内容是其他小组喜欢和欣赏的）？

2. 在你们的答辩交流过程中，还存在哪些不足？

3. 听完其他小组的分享后，你有什么收获？

4. 如果有时间你们还准备对作品做哪些改进和优化？

5. 通过交流讨论你对自动驾驶技术普遍应用可能带来的伦理问题有哪些新的思考？自拟题目写一篇500字左右小论文陈述自己的观点，可以从技术的两面性进行思考。

三、学习成果

学后反思，小论文。

四、学习评价

评价维度	如果符合请打√
所有成员参与演讲答辩，时间控制在 5 分钟以内。	□
在提问答辩交流环节能与其他小组进行积极有效的交流，提出建设性的建议。	□

【子项目评价】

请根据项目实践情况进行自我评价（☆☆☆代表“高手”，☆☆代表“能手”，☆代表“新手”），完成后请同伴或老师进行评价。

评价内容	评价标准	自评	他评
合作能力	☆☆☆团队分工明确，相互配合，按时高质量完成答辩 PPT 制作，并进行充分的演练。		
	☆☆团队分工明确，相互配合，按时完成答辩 PPT 制作，PPT 内容基本符合要求，并进行演练。		
	☆团队分工不明确，未能按时完成答辩 PPT 制作，没能进行演练。		
交流能力	☆☆☆演讲内容完整符合要求，过程流畅，声音清晰有感染力，能用眼神、手势或肢体语言与听众互动，对评委和听众提出的问题能积极回应。		
	☆☆演讲内容完整，过程基本流畅，声音清晰，与听众有互动，能回答评委和听众提出的问题。		
	☆演讲内容不完整，演讲断续，声音不够清晰，不能回答评委和听众提出的问题。		
反思能力	☆☆☆能认识到自己小组作品中存在的不足，能从其他小组作品中学习到优点，有明确的改进优化的方向。		
	☆☆能认识到自己小组作品中存在的不足，能说出其他小组作品的优点，有改进优化的方向。		

续表

反思能力	☆没有认识到自己小组作品中存在的不足，不能说出其他小组作品的优点，没有进行改进优化。		
批判性思维	☆☆☆能够独立思考，提出有深度的问题，并能够对问题进行深入分析和论证，能够从多个角度思考问题，最终形成有说服力的观点。		
	☆☆能够独立思考，提出问题，并能够对问题进行一定的分析和论证，能够从一两个角度思考问题，最终形成较为合理的观点。		
	☆能够独立思考，提出问题，但对问题的分析和论证不够深入，思考角度较为单一，最终形成的观点不够有说服力。		

后记

自 2019 年我与人工智能初遇，时光匆匆，已然跨越六个春秋。在这六年的岁月里，人工智能技术发展迅速，尤其是近两年大模型技术的崛起，其迅猛之势已然超出了人们的想象边界。展望未来，人工智能的发展浪潮仍将滚滚向前，它必将对我们工作、学习、生活的方方面面乃至整个社会产生深刻而广泛的影响。如何让青少年正确认识人工智能、合理运用人工智能解决实际问题，并树立正确的技术观，这无疑是每一位教育工作者肩负的责任与担当。我们不仅要让青少年知晓人工智能能做什么，更要让他们明白人工智能不能做什么。

四年前，我开启了在通用技术课堂教学中融入人工智能知识教学的探索之旅，致力于让学生领略人工智能技术的魅力。两年前，我尝试开展人工智能自动驾驶小车校本课程教学，我欣喜地发现学生们对这一项目兴趣浓厚。也正是从那时起，我萌生了撰写一本关于人工智能教学方面的图书的想法，但彼时对于“写什么、怎么写”始终没有清晰的认识。或许是因为当时我对人工智能“教什么、怎么教、教到什么程度、怎么评”以及学生“学什么、怎么学、学到什么程度”等问题还不够明晰，书稿的写作一直断断续续，一度曾停滞不前。然而，在参与了《上海市中小学人工智能课程指南（试行）》以及《上海市中小学人工智能基础》单元规划与评价样例的编写工作后，我的写作思路逐渐清晰起来。2024 年在上海市教师教育学院管文川老师和松江区教育学院许建华老师的指导下，我参加了第十届全国中小学实验教学说课活动，我的《自动驾驶实验——基于人工智能自动驾驶载人小车项目》案例成功入围全国现场展示环节。在展示现场，我的演示吸引了众多关注的目光，这让我深切意识到，有必要将这个项目进行更广泛的推广。后来，我还承担了上海市中小学人工智能基础高中阶段 4 节空中课堂网课的拍摄任务，经过这一系列实践，我对“写什么、怎么写”有了越来越清晰的认识。在本书的写作期间，我有幸得到了上海市奉贤中学翁燕燕老师的悉心指导，她总是认真仔细地阅读我的书稿，提出宝贵建议，并且始终给予我鼓励；上海市奉贤中学季忠刚老师也对我的书稿提出了诸多有益的建议。若没有这些老师的热心帮助，这本书不可能这么快完稿。

写作期间，最让我感动的是家人的理解与支持。没有家人的支持，书稿不可能如此顺利地完成。

此外，还要感谢编辑，她们的幕后辛勤工作，为这本书的快速出版提供了有力保障。

因编写时间仓促，加之作者学识所限，书中难免存在疏漏或不当之处。敬请广大读者不吝批评指正！

附 录

【项目主要材料和工具清单】

一、主要材料清单

材料名称	型号
瓦楞纸	40cm×40cm×5cm
A4 纸	\
热熔胶棒	直径 7mm
透明胶带	1.2cm 宽带
ESP32-DevKitC 开发板	30pin、Wi-Fi、蓝牙、Type-C 接口
ESP32 扩展板	与 ESP32-DevKitC 开发板配套
直流减速电机	TT 马达、DC3V-6V、1:120 减速比、双轴、焊接 XH-2.54 端子线、强磁抗干扰
小车万向轮	1 寸、PP 材质
端子线	XH2.54、2P、双头同向、15cm、22AWG
直流电机驱动板模块	L298N、2 路
插座端子	XH2.54mm、2P、弯针

二、主要工具清单

工具名称	型号 / 功能
切割垫	600mm×450mm
钢尺	40cm
美工刀	刃长 10cm

热熔胶枪	40W
透明胶带切割器	1.2cm 宽带
便携式充电宝	容量≧ 5000mAh、带 Type-C 数据线

【课程配套网站】

本课程配套学习资源网址：https://www.sjaiedu.site/

【小车作品示例】

【小车自动驾驶演示】

扫描以下二维码浏览小车自动驾驶演示视频。

【主要参考文献】

[1] 中华人民共和国教育部．普通高中通用技术课程标准（2017 年版 2020 年修订）[S]. 北京：人民教育出版社，2020.

[2] 中华人民共和国教育部．普通高中信息技术课程标准（2017 年版 2020 年修订）[S]. 北京：人民教育出版社，2020.

[3] 中华人民共和国教育部办公厅．教育部办公厅关于加强中小学人工智能教育的通知．北京：2024.

[4] 上海市教育委员会．上海市推进实施人工智能赋能基础教育高质量发展的行动方案（2024-2026 年）. 上海：2024.

[5] 上海市教育委员会．上海市中小学人工智能课程指南（试行）．上海：2024.